가볍게 꺼내 읽는

찰스 다윈

우리가 미처 몰랐던 종의 기원

가볍게 꺼내 읽는 찰스 다윈

장바티스트 드 파나피외 | 김옥진

북스힐

Originally published in France as:
Darwin à la plage - L'Évolution dans un transat,

by Jean-Baptiste DE PANAFIEU

Illustrations by Rachid MARAÏ

차례

프롤로그

"자연은 참 잘 만들어졌어!"

그동안 우리는 자연에 대한 감사의 마음이 담긴 이 감탄사를 몇 번이나 듣고 말해왔던가? 신의 섭리를 느낄 수 있는, 우리에게는 어머니와도 같은, 우리와 같은 지구상의 존재를 위해 모든 것을 구상해왔을지도 모르는 이 자연 말이다.

어쩌면 우리는 이 세상이 얼마나 기막히게 구성되어 있는지 어렴풋이나마 느낄 수 있다는 행복감에 젖어 이런 말을 내뱉는지도 모른다.

세상은 우리에게 숨 쉴 수 있는 공기와 마실 물, 먹을 수 있는 동식물, 그리고 우리가 찬미해 마지않는(우리가 훼손시키지만 않는다면) 모든 경이로운 일을 마련해준다. 우리는 그저 이 잘 만들어진 자연의 일부가 되는 기쁨을 만끽하기만 하면 되는 것이다.

하지만 불행하게도 이 소박한 기쁨은 이미 150년 전부터 우리가 사는 세상과 동떨어진 현실이 되어버렸다! 정확히는 찰스 다윈이라는 영국인 박물학자가 『종의 기원On the Origin of Species』을 출간한

1859년 이후로 말이다. 사람들이 일반적으로 생각하는 것과 달리 다윈이 생물학사에 가장 크게 기여한 것은 이미 당대인들의 마음을 사로잡기 시작한 진화라는 개념이 아니라 우리의 모든 욕구를 충족시켜주기 위해 존재하는, 선견지명이 있는, 관대한 자연에 대해 갖고 있던 뿌리 깊은 믿음을 깨뜨렸다는 점이다.

적지 않은 독자가 그의 책 속에서 계획이나 의도가 없는, 무관심한 자연의 모습과 그것이 가진 어두운 면을 발견했다. 더 극단적으로 보면 다윈은 자연 속에 인간 고유의 자리가 있다는 생각마저 뒤흔들어놓은 셈이다.

이제 인간은 더 이상 신의 창조로 만들어진 보물이 아니라 공통조상에게서 나온, 기원조차 구분되지 않는 하나의 종이 되어버린 것이다.

인간이 신의 창조물이라는 신화적인 이야기를 믿는 이들이나 무언가 만들기를 좋아하는 신이 끊임없이 개입해 만들어낸 세상을 상상하는 이들에게는 이것이 참을 수 없는 일일 것이다.

그러나 자연을 이해하고 그것을 통해 이 경이로운 일들을 제대로 감상하려는 이들에게는 다윈의 진화론이 미스터리(비록 모든 미스터리를 풀 수는 없을지라도)를 푸는 즐거움과 역사를 해독할 수 있는 도구를 마련해준 셈이다.

오늘날의 다윈주의는 유전학과 분자생물학, 발생생물학, 행동생태학에 의해 상당 부분 보완되었으며 고생물학에서부터 동물학, 식물학, 의학에 이르기까지 모든 생명과학 분야 연구의 근간을 이루고 있다.

그런 의미에서 다윈주의는 진부하고 뒤처진 이론이 아니라 여전히 살아 있는 이론이라 할 수 있다.

1장

젊은 다윈의 입문 여행

비글호를 타고 세계를 여행하던 젊은 다윈은 자신이 이미 알고 있다고 생각했던 생물의 기원에 대해 깊은 의문을 품었다. 이러한 내적 동요가 그의 역작, 『종의 기원』을 탄생시켰다.

말년에 찍은 사진 속 모습처럼 다윈은 흰 수염을 길게 늘어뜨린 준엄한 노인의 모습으로 묘사되는 경우가 많다. 그러나 정작 진화론이 탄생한 것은 그가 비글호를 타고 세계 일주를 하던 젊은 시절이다. 스물여섯 살의 나이로 비글호에 승선한 다윈은 서른한 살 때 귀환했으며, 지천명의 나이에 이르러서야 그의 역작인 『종의 기원』을 출간했다.

자서전에서 밝힌 대로 다윈은 나이로 인해 얻는 효과를 불신하는 편이었기 때문에 "과학자가 예순에 죽는다면 얼마나 좋을까? 이

1854년, 45세의 찰스 다윈

나이가 지나면 모든 새로운 이론에 대한 반대 의견이 확고해질 텐데!"라고 말하곤 했다.

박물학자의 세계 일주

1831년 12월 27일, 비글호는 플리머스항을 떠나 남아메리카로 향했다. 30미터 길이의 돛 3개가 달린 범선에는 함장인 로버트 피츠로이Robert FitzRoy 휘하의 선원 64명이 승선하고 있었다. 스물여섯 살의 젊은 선장으로선 벌써 두 번째 파견이었다. 그는 영국 해군본부로부터 파타고니아 제도의 지형 측량과 해도 제작 임무를 명령받고 떠나는 길이었다. 이는 영국 해군 함대가 풍랑을 만나거나 배가 파손되었을 때 정박할 수 있는 안전한 항구를 찾기 위함이었다.

몇 개월 전, 피츠로이 함장은 친구에게 지질학에 정통하며 여행을 즐길 줄 아는 박물학자를 소개해달라고 부탁했다. 당시 영국의 탐험선들은 동식물의 표본을 채취해 박제한 뒤 영국의 대학으로 보내는 임무를 맡고 있었다. 식물학자인 존 헨슬로John Henslow는 함장에게 제자인 찰스 다윈을 소개해주었다. 이제 막 학업을 마친 젊은 나이의 다윈은 유니테리언 교회(삼위일체의 교리를 거부하는 영국성공회의 한 종파)의 목사로서 교구 발령을 기다리고 있었다.

당시 스물세 살의 의학도였던 다윈은 결국 식물학과 지질학으로 학문의 방향을 선회했다. 젊은 날의 다윈은 성직자가 되어 교구 활동을 하면 자연사 연구에 몰두할 자유 시간이 생길 것이라는 생각에 신학을 공부하기도 했다. 사실 그것은 집안의 전통이었다. 의사였던 다윈의 할아버지, 에라스무스 다윈Erasmus Darwin도 동식물에 관한 저서를 여러 권 남겼다. 1794년에 발간된 『주노미아Zoonomia』에서는 인간이 출현하기 전, 몇백만 년에 걸쳐 일어난 종의 변이에 대한 생각을 밝히기도 했다. 손자인 찰스 다윈은 그 사실을 모른 채 이 책들을 아주 재미있게 읽었다.

당초 2년을 목표로 항해를 떠난 비글호는 혼곶에서 호주, 희망

파타고니아 해상을 지나가는 비글호

봉을 지나 세계 일주를 마치고 5년 만에 돌아왔다. 그동안 다윈은 뱃멀미를 피해 기항했던 아마존의 밀림에서부터 파타고니아의 평야, 갈라파고스의 열암, 환상 산호초에 이르는 수천 곳의 자연환경을 탐사했다.

이렇게 살아 있는 세상의 경이롭고 다양한 모습에 빠져 지내면서 다윈은 자신이 배운 몇 가지 기초 지식을 떠올렸다. 골똘히 생각해서 얻은 결론도 아니었고, 당시 대부분의 교육자와 영국 사회 전체가 진리로 여기던 창조론적 관점에 이의를 제기하려는 것도 아니었다. 『성경』의 「창세기」를 그대로 인용하면, 신은 6일 동안 인간을 비롯한 모든 동식물을 창조했고, 그 이후로는 변화가 없었다.

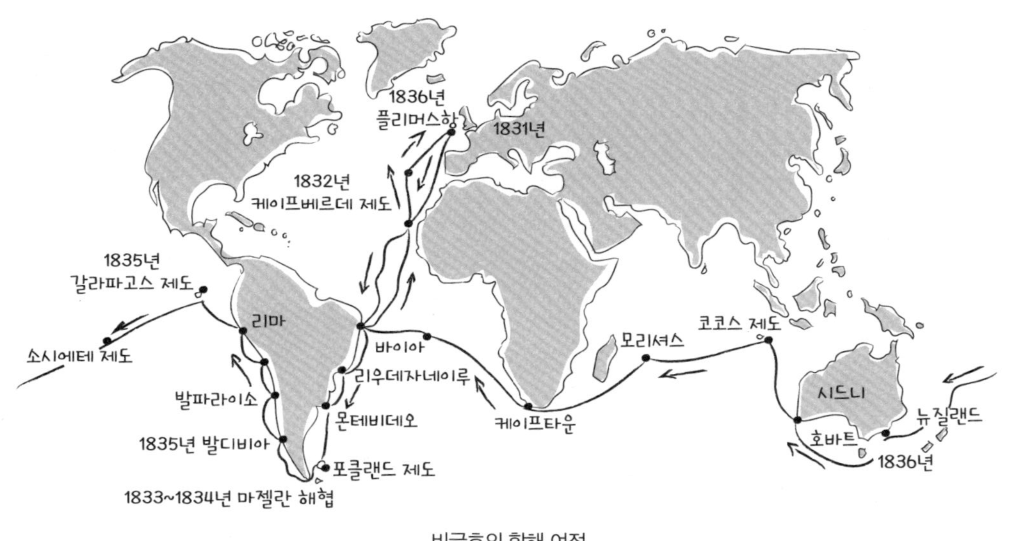
1836년
플리머스항
1831년
1832년
케이프베르데 제도
1835년
갈라파고스 제도
리마
소시에테 제도
바이아
리우데자네이루
발파라이소
몬테비데오
1835년 발디비아
포클랜드 제도
1833~1834년 마젤란 해협
케이프타운
모리셔스
코코스 제도
시드니
호바트
뉴질랜드
1836년

비글호의 항해 여정

다윈은 찰스 라이엘Charles Lyell의 『지질학 원리The Principles of Geology』를 들고 승선했다. 그것은 현대적인 메커니즘을 통해 지구의 움직임과 형태를 분석한 책이었다. 당시에는 천재지변에 의한 화산 분화나 홍수 같은 지질학적 '재해' 때문에 일부 동식물이 멸종되고 지구의 주요 지형이 지금의 모습을 띠게 되었다는 생각이 지배적이었으나, 라이엘은 그 원인을 다른 곳에서 찾았다.

라이엘은 지반의 융기로 높은 산이 형성된 것이나 몇천 미터 두께의 침전물이 축적된 것은 어쩌면 성경에 적힌 6,000년이라는 지구의 역사보다 몇백만 년 전에 이미 시작된, 그 후로는 완만한 속도로 점진적으로 진행된 현상 때문일 것이라고 주장했다. 또한 그는 성경 속의 대홍수에 의해 죽은 동물들의 잔해가 화석이 되었다는 사실을 믿지 않았다.

다윈은 파타고니아 제도를 탐험하면서 글립토돈이나 메가테리움 같은 거대동물의 뼈 화석들을 발견했다. 이 절멸한 종들은 몸집은 크지만 현생 동물인 아르마딜로나 나무늘보와 해부학적으로 공통점을 가지고 있었다. 당시에는 이 사실이 전 세계적으로 잘 알려져 있지 않았기 때문에 젊은 박물학자인 다윈으로서는 화석과 현생종 간의 지리적 근접성에 놀라지 않을 수 없었다. 시간의 흐름과 함께 종이 변한다는 사실을 인정하기만 한다면 이들 간의 유연관계도 성립될 수 있는 상황이었다.

다윈은 안데스산맥을 여행하면서 지리학적 현상의 발생 시점에

아르마딜로(위)와 글립토돈(아래)의 해부학적 유사성

대한 라이엘의 주장에 동의했다. 남아메리카의 광대한 풍경을 마주하고 산이 생기고 지반이 침식되기까지 몇백만 년, 어쩌면 몇억 년이 지나야 한다는 사실을 깨달은 것이다.

다윈은 적도에 위치한 갈라파고스 제도의 각 섬에 고유 종이 서식한다는 사실을 발견하고 또 하나의 의문을 갖게 되었다. 육지에서 800킬로미터 떨어진 화산섬이라서 동물들이 쉽게 이동할 수 없었을 테니 그만큼 동물군의 규모가 작은 것은 당연했다. 그런데 그곳에 거대 거북과 여러 종의 새가 있었다. 남아메리카 차코거북과

« 종이 점진적으로
변한다는 가정하에서만
이 사실(…)에 대한
설명이 가능하다. »

찰스 다윈, 1876

유사한 거북들이 헤엄쳐서 바다를 횡단한 것이다! 이 거북들은 부력이 좋고 오랫동안 담수와 식량 없이도 버틸 수 있는 데다 해류의 영향으로 올바른 방향으로 올 수 있었던 것이다. 폭풍우로 인근에 불시착한 몇 쌍의 새들로부터 나온 자손 새들도 있었을 것이다.

그렇다면 왜 이 격리된 동물군 가운데 해부학적으로 아주 유사한 15마리 정도의 '핀치(사실은 게오스피자속이다)'와 3종의 앵무새, 그리고 3마리의 서로 다른 거북이 존재하는 것일까? 놀란 다윈은 "한 섬에 한 종류의 앵무새가 살고 또 다른 섬에 전혀 다른 종류의 새가 서식했다면, 혹은 한 섬에 한 종류의 도마뱀이 살고 또 다른 섬에 전혀 다른 종류의 생물이 살거나 아예 생물이 없었다면, 이 군도에 서식하는 생물들의 분포 양상에 대해 놀랄 일은 없었을 것이다"라고 말했다. 공통 조상에게서 파생된 유사 종이라고 가정해야만 이해할 수 있는 일이기 때문이다.

하지만 당시 다윈은 이러한 진화론을 받아들일 만큼 지적으로 충분히 준비되어 있지 않았기 때문에 모든 종의 지리적 기원을 정확히 기재하지 않았다.

이론의 구상

1836년, 항해를 끝내고 돌아온 다윈은 지리학적, 동식물학적 관찰 내용에 대한 보고서를 작성하고 그것을 출판하는 데 전념했다. 이 방대한 작업은 1838년부터 1846년까지 이어졌다. 1839년에 연구 일지를 정리한 『비글호 항해기Voyages of the Adventure and Beagle』를 출간해 대중으로부터 큰 인기를 얻었다(프랑스에서는 1875년이 되어서야 '어느 박물학자의 세계 일주Voyage d'un naturaliste autour du monde'라는 제목으로 번역본이 출간되었다). 또한 1842년에는 산호초 형성에 관한 책을 출간해 좋은 반응을 얻었다. 다윈은 1839년에 사촌인 엠마 웨지우드Emma Wedgwood와 결혼한 뒤 런던 북부에 위치한 다운Down으로 보금자리를 옮겼다. 훗날 이들은 그곳에서 열 명의 자녀를 낳았다.

1837년부터 다윈은 '종의 변이'라는 제목의 노트에 자신의 생각을 기록하기 시작했다. 그는 자신이 관찰한 것에 대해 설명이 될 만한 종의 변이 가능성에 대해 자문해보았다. 그리고 동식물의 '변이', 즉 동일한 종에서 발견되는 다양한 형태에 관한 정보를 수집했다. 비글호 항해를 마지막으로 다시는 여행을 떠나지 않았지만 전 세계 사육가나 원예가, 박물학자 들과 서신을 교환했다. 1838년, 다윈은 40년 전에 출간된 경제학자 토머스 맬서스Thomas Malthus의 『인구론An Essay on the Principle of Population』을 읽었다. 맬서스의 주장에 따르면 사용 가능한 자원, 즉 식량보다 인구가 더 빠르게 증가하기 때문에

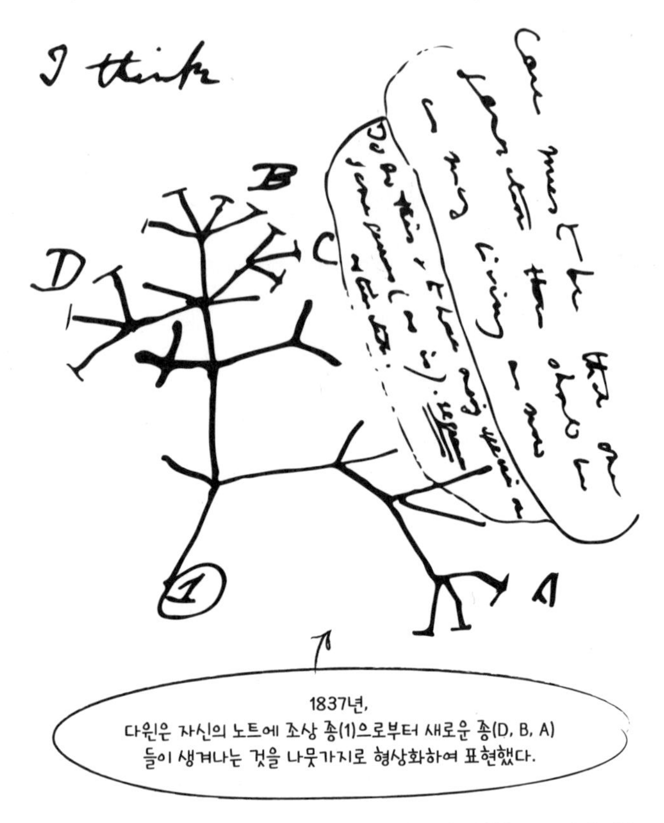

「종의 변이에 관한 첫 번째 노트」에서 발췌한 내용이다. 다윈은 1837년에 처음 하나의 조상 종으로부터 여러 종이 탄생하는 모습을 나뭇가지처럼 표현했다.

기근이나 전쟁처럼 인류 문명을 주기적으로 황폐하게 만드는 일들이 발생한다. 맬서스는 이 사회적 현상을 자연 현상과 비교했다. 공간과 수분의 부족으로 식물들은 무한정 뻗어나갈 수 없으며, 동물의 개체 수도 먹이에 의해 제한된다는 논리였다.

초고는 1844년에 이미 완성되었지만 다윈은 자신의 이론을 확실히 입증할 때까지 출간을 미루려고 했다. 과학적, 종교적으로 맹렬한 비판이 이어질 것을 예상했기 때문이다. 1846년, 다윈은 아메리카 대륙 해안가에서 따개비를 발견한 이후 따개비에 관심을 갖기 시작했다. 따개비는 오랫동안 조개로 인식되다 게나 작은 새우의 유충과 매우 유사하다는 이유로 갑각류로 분류된 종이었다. 그로부터 8년간 다윈은 이 작은 해양 동물을 연구했다. 동물학자로 명성을 공고히 하고 동물계통학에 대한 자신의 지식을 보완하고 싶은 마음이 반영된 것인지도 모른다. 1854년, 다윈은 따개비에 관한 논문 4편을 발표한 뒤 사촌인 윌리엄 다윈 폭스William Darwin Fox에게 "나보다 더 따개비에 진절머리 내는 사람은 없을 거야!"라고 당시 심경을 고백했다. 그러나 번식이라는 중요한 영역에서 발생하는 변이의 예시들

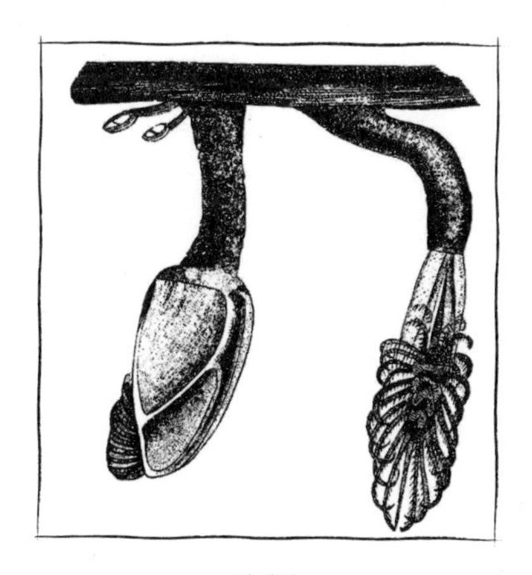

따개비

을 지근거리에서 연구할 수 있었던 것도 실은 이 따개비 덕분이었다. 다윈은 따개비의 근연종에서 무성생식(암수가 한 몸인 경우)과 유성생식의 예를 모두 관찰한 뒤 하등 동물일지라도 '모든 개체는 각기 다르다'고 결론 내렸다.

종의 기원

동시에 다윈은 종의 기원에 관한 연구 작업을 이어나갔다. 귀국한 이후 돈독한 관계를 유지해온 식물학자 조지프 후커Joseph Hooker나 찰스 라이엘 같은 측근들과 자주 토론을 벌였고, 젊은 박물학자인 앨프리드 러셀 월리스Alfred Russel Wallace와도 서신을 교환했다. 1858년 6월 어느 날, 다윈은 동남아시아의 섬들을 누비고 다니던 월리스로부터 편지 한 통을 받았다. 월리스는 자신이 발표하려는 논문에 대한 다윈의 의견을 묻고자 했으나 그 글을 읽은 다윈은 망연자실했다. 월리스의 논문에 다윈이 쓴 논문의 주지主旨와 정확히 일치하는 종 내 선택이라는 개념이 소개되어 있었기 때문이다. 다윈의 친구들은 그가 월리스와 동시에 논문 요약본을 발표하는 것이 좋겠다고 판단했다. 결국 런던 린네학회 학회지에 두 편의 논문이 게재되었지만 크게 주목받지 못했다. 그 후 다윈은 서둘러 집필을 마무리했다. 그러나 사실 그것은 그가 출판하려던 책의 요약본에 불과했다. 1859년 11월, 비글호 항해를 마치고 귀환한 지 23년 만에 마침내 『종의 기원』은 세상의 빛을 보게 되었다.

종의 개념

책 제목은 '종의 기원'이지만 이상하게도 다윈은 종의 개념을 정의하지 않았다. 이 책이 출간될 당시 '종'이란 개체 사이에서 교배 가능한 한 무리의 생물 혹은 그로 인해 생겨난 자손을 의미했다. 그러나 정의가 너무 단순하다보니 여러 제약이 생겼다. 우선, 이 정의만 가지고는 동식물이 단순히 사육 환경에서의 번식을 거부하는 것인지 아니면 개별적인 특성 이외의 이유가 있는지 확인할 방법이 없었다. 특히 지역에 따라 종이 달라지기도 하고, 심지어 동일 지역 내에서도 달라지는 경우가 발생했기 때문이다. 이 품종들의 특성은 종 간 관계에 관한 수많은 논쟁을 불러일으켰다. 이 때문에 종의 정의가 더욱 복잡해졌다. 다윈은 이러한 품종이 존재한다는 것을 발판 삼아 자신의 이론을 발전시켜나갔다.

창조론적 관점에서 보면 현생 동물의 조상은 동일한 종에서 분화된 것이다. 그러나 오랜 시간에 걸쳐 종이 진화하는 과정에서 서로 다른 종으로 인식될 만큼 변형되었다면 조상 종과 자손 종 간의 경계를 어디로 두어야 하는가? 이 두 종이 같은 혈통으로 이어져 있다 해도 깊이 살펴보면 서로 다른데 말이다. 어찌 보면 다윈의 연구가 기존 종의 개념을 무력화시킨 셈이다. 적어도 오랜 시간에 걸쳐 진행된 진화 과정에 이 개념을 적용할 때만큼은 그렇다. 물론 실질적인 어려움(종의 보존을 위해서는 보르네오섬과 수마트라섬에 있는 오랑우탄 두 종을 모두 보존해야 하는가, 아니면 한 종만 보존해야 하는가 하는 문제에 도달하게 된다)이 없는 것은 아니지만 단기적으로 보면 '교배 가능한 집단'이라는 종의 정의는 일리가 있어 보인다.

뒤이어 다윈은 그때까지 출간된 자신의 저서에서 미처 구체적으로 다루지 못한 몇 가지 사항을 정리해 여러 권의 책을 집필했다. 식물의 이동이나 사육재배가 동식물에 미치는 영향, 난의 수분, 감정 표현 등 인간의 기원에 관해서 말이다.

다윈은 동물의 기원에 관한 자신의 가설이 인간에게도 적용될 수 있음을 인지하고 있었다. 하지만 당시 영국 사회가 민감하게 반응할 것을 예상했기에 조금 더 기다려보기로 한 것이다. 그럼에도 불구하고 다윈은 결론에서 다음과 같은 내용을 강조하고 있다. "먼 미래에는 더 중요한 연구를 할 수 있는 장이 열릴 것이라고 본다. 심리학의 기초도 새로 쓰일 것이다. 다시 말해 모든 정신적인 능력과 소질은 반드시 점진적으로 획득된다는 근본적인 사실을 토대로 할 것이다. 그러면 인간의 기원과 그 역사는 낱낱이 밝혀질 것이다." 다윈이 1871년에 『인간의 유래와 성 선택The Descent of Man, and

Selection in Relation to Sex』을 출간했으니, '먼 미래'는 사실 그렇게 먼 것도 아니었다.

월리스, 또 한 명의 다윈주의자

다윈이 발전시킨 생각들은 무에서 창조된 것이 아니다. 당시 유럽의 박물학자들은 이미 50년 전부터 **변형주의설**에 대해 논의해왔기 때문이다. 일부 연구자에게 한정되어 있긴 했지만 자연 선택이라는 개념도 그 시대의 흐름에 속해 있었다.

집안 형편이 넉넉했던 다윈과 달리 앨프리드 러셀 월리스는 형편이 여유롭지 않았다. 그는 1854년부터 1862년까지 아마존과 말레이 제도를 여행하며 수많은 동물을 수집했다. 또한 변형주의에 깊은 관심을 갖고 있었으며 맬서스의 책을 읽기도 했다. 각 세대에서 사라진 수많은 동물을 생각하면서 월리스는 '어째서 어떤 것은 살아남고, 어떤 것은 죽는 걸까?' 하고 자문했다. 다윈과 동일한 용어를 쓰지는 않았지만 동일한 결론에 도달한 것이다. 월리스는 두 논문을 동시에 발표해준 다윈에게 감사를 표했다.

영국으로 돌아온 월리스는 라이엘과 지속적으로 서신을 교환하며 생물지리학과 생태학을 연구했고, 동물의 체색과 같은 진화와 관련된 몇 가지 생각을 발전시켜나갔으며 『자연 선택론에 대한 기고문Contributions to the Theory of Natural Selection』(1870)과 『우주 속 인간의 위치Man's Place in the Universe』(1903)를 비롯한 수많은 저작을 남겼다. 평생 그는 다윈의 생각들을 열렬히 옹호해왔으나 유심론에 깊이 빠져 동물의 진화 과정을 인간에게 적용시키지 않았다. 자연선택으로는 인간 정신이 탄생된 과정을 설명할 수 없다고 생각했기 때문이다.

다윈의 마지막 저서인 『지렁이의 활동과 분변토의 형성The Formation of Vegetable Mould through the Action of Worms, with Observations on their Habits』은 1881년에 출간되었다. 오늘날에는 그를 진화론의 기초를 다진 사람으로 인식하지만, 사실 다윈은 영국의 동식물에 대해 매우 해박한 지식을 가진, 현장을 누비는 박물학자였다. 이는 그의 뿌리 깊은 생태론적 인식(당시에는 이 용어가 등장하기 전이지만)을 드러내주는 것이기도 했다. 다윈이 지렁이를 보고 "이 하등한 구조를 가진 창조물만큼 지구의 역사에서 중요한 역할을 하는 동물이 많이 있을까 하는 의구심이 든다"라고 말할 정도로, 다윈에게 지렁이는 이 살아있는 세계를 이루는 필수불가결한 구성 요소였다.

찰스 다윈은 1882년 4월 19일, 다운에 있는 저택에서 숨을 거뒀다. 그가 155년 전 아이작 뉴턴처럼 웨스트민스터 사원에 묻히기를 원한 친구들의 요청으로 다윈은 그곳에 잠들었으며, 그의 마지막 길을 수많은 지지자와 유명 인사가 함께했다.

1881년 『펀치Punch』지에 게재된 다윈의 캐리커처.
'지렁이에 대해 자문하고 있는 다윈'

2장

아주 자연적인 선택

생물 다양성이라는 현실과 자연 선택이라는 기본 가설에 기반을 둔 다윈의 이론은 19세기 영국 사회에 큰 파장을 일으켰다. 그러나 대부분의 박물학자는 그것에 매료되고 말았다.

우선 다윈은 오늘날 **생물 다양성**이라 부르는 동식물종의 풍요로움에 대해 이해하고자 했다. 세상에 이렇게 많은 종이 존재하는 이유는 무엇일까? 대륙마다 종이 다른 이유는 무엇일까? 해협으로 나뉜 두 개의 섬에서조차 다른 종의 생물이 서식하는 이유는 무엇일까? 몇 년간의 고민 끝에 그는 크게 두 가지로 생각을 정리했다. 하나는 시간이 흐르면서 종의 형태와 행동이 바뀌고 그것이 종의 진화로 이어져 새로운 종이 탄생한다는 것이고, 또 하나는 '자연 선택'이라는 메커니즘이 이러한 변형을 결정한다는 것이었다.

번식과 변이, 선택

다윈은 동종의 동물들을 관찰하면서 각 개체가 모두 다르다는 것을 알았다. 다윈은 이 **변이**가 변칙적인 것이 아니라 정상적인 것이라고 주장함으로써, 예로부터 전해 내려오던 신념에 처음으로 반기를 든 셈이다. 대부분의 19세기 박물학자는 하나의 종이 가진 완벽한 모델, 즉 '유형'이 있다고 믿었다. 그 유형과 일치하지 않는 개체가 많았음에도 불구하고 말이다. 다윈은 무한에 가까운 개체적 차이를 생물이 가진 근본적인 특성으로 여겼으며 적어도 부분적으로는 변이가 유전된다고 생각했다.

다윈이 제시한 두 번째 요소는 **번식**에 관한 것이었다. 물론 한 쌍의 부부에게서 나온 모든 자손이 생존해 번식한다고 볼 수는 없으나 자신의 주장을 입증하기 위해 다윈은 코끼리를 예로 들었다. "일반적인 코끼리의 경우, 30세부터 90세까지 번식해 6마리의 새끼를 낳는다. 이 계산대로라면 500년 후에는 최초의 코끼리 부부 한 쌍에게서 나온 자손이 1,500만 마리에 이를 것이다." 어떻게 해서 이 값이 나왔는지는 정확히 모르겠으나, 어떤 계산법을 썼든 간에 이 몇천만 마리의 후피동물이 기존 서식지에서 생존할 수 없다는 사실만은 분명하다! 매년 몇백만 개의 알을 낳는 곤충이나 어류라면 채 100년도 안 되어 우주의 원자 수만큼 많은 자손을 갖게 될 것이다…….

따라서 개체 수의 균형을 위해서는 한 쌍의 부부가 둘을 낳고 그 자손들이 또 번식해야 한다(독신자를 감안하면 자손의 수가 더 많아야 한다. 인간의 경우에는 여성 1명당 2.1명의 아이를 출산해야 인구가 안정된다). 인구가 증가하지 않는다는 것은 그 세대에 속하는 개체 대부분이 사라진다는 의미이다. 물고기 알은 산란 직후 대부분 다른 동물에 의해 사라지며 거기서 살아남은 알일지라도 부화 직후 잡아먹힌다. 마지막까지 생존한 물고기들조차 대부분 번식기 이전에 죽는다. 식물의 씨앗도 대부분 발아 전에 말라버리거나 동물에게 먹힌다.

다윈은 이처럼 자연의 일부 특성(변이, 번식, 소멸)에 관한 일반적인 설명에 아주 단순하면서도 참신한 생각을 더해 경이로운 결론을 도출했다. 각 세대를 거치면서 소멸된 자손도 있지만 그 가운데 생존한 이들은 우연이 아니라 그들의 능력 덕분에 살아남은 것이라고 생각한 것이다. 『종의 기원』 도입부부터 다윈은 자신의 가설을 이렇게 제시한다. "생존할 수 있는 수보다 더 많은 개체가 탄생하기 때문에 결과적으로 종 내 생존 경쟁은 매 순간 되풀이되는 셈이다. 모든 생물은 어떤 형태로든 생존 확률이 더 높은, 생존에 유리한 쪽으로 변이하기 때문에 결국 이들은 **자연 선택**의 대상이 되는 것이다. 유전이라는 강력한 원칙에 의해 선택 대상이 되는 모든 종은 변형된, 새로운 형태를 전파하고자 한다."

다시 말해 동종 개체군에 속한 모든 개체는 상이하다. 다른 개체에 비해 몸집이 크거나 작고, 움직임이 빠르거나 약삭빠르고, 위장에 능한 개체들은 포식자의 눈에 잘 띄지 않아 생존에 필요한 자원에 더 쉽게 접근할 수 있다. 몸집이 더 크거나 작아서, 혹은 색이 화려하거나 노래를 잘 부르거나 힘이 세서 배우자를 쉽게 찾는 개체들도 있다. 또한 앞에 언급된 이유로 혹은 강한 번식력을 이용해 남들보다 더 많은 자손을 남기고, 그들의 특성을 전달하는 개체들도 있다. 세대를 거듭하면서 이러한 특성들은 해당 종의 개체군 전체에 전파된다. 반대로 자손을 많이 남기지 못하고, 수명이 단축될 만한 특성을 가진 개체들은 점점 수가 줄어드는 경향을 보인다. 따라서 번식력을 키워주는 계기가 된 행동이나 신체적 특징은 규범화될 가능성이 더 높은데, 이는 종에 대한 최소한의 개량 '계획' 없이 자동적으로 진행된다.

다윈이 말한 선택은 우연히 개체에 영향을 미치는 것이 아니라 생존 자격에 의해 방향이 정해진, 계획된 것이다. 어떻게 해서 자연이 동물들에게 생존 자격을 부여했는지 설명하는 데는 복잡한 메커니즘이 필요하지 않다. 이것은 털끝만큼도 외부 의지가 개입되지 않은 냉혹한 분류에 의해 이루어지기 때문이다. 물론 이 모든 것은 통계적으로 보았을 때의 이야기다. 이것이 단순히 경향을 보여주는 것이라고 생각할 수도 있지만, 세대를 거듭하면서 반복되면 개체군에서는 상당한 변화로 이어질 수 있는 것이다.

다윈은 '변화하는 자손'이라는 말로 이러한 종의 변화에 대해 설명했다. 책에 진화라는 용어를 사용하지는 않았지만, 마지막 단락에서만큼은 진화에 관한 견해를 밝혔다. "유일한 혹은 소수의 형태에서 시작된 생명체가 지닌 모든 능력을 파악하는 것은 매우 중요한 일이다. 중력이라는 고정된 법칙에 의해 우리의 행성이 쉼 없이 정해진 궤도만을 선회하는 동안에도 이렇게 단순한 형태에서 시작된 지금의 이 경이롭고 멋진, 무한한 형태들은 진화를 멈추지 않았다."

모기의 내성

1950년대 말부터 랑그도크 늪지대에서는 모기로 인한 피해를 줄이기 위해 살충제를 살포해왔다. 그러다 곤충들이 내성을 가지면서 초창기에 사용했던 DDT의 효과가 금방 사라져버렸다. 뒤이어 사용한 다른 살충제들도 같은 운명을 맞이했다.

과연 이 내성에 대해 어떻게 이해해야 할까? 그것은 바로 독약에 노출된 모기들이 단련되면서 개별적으로 이겨낼 힘을 갖게 된 것으로 볼 수 있다. 실제로 연안 지역에서 국토 정비 사업을 하던 중 이러한 자연 선택(혹은 인위 선택이라고 부를 수도 있다!) 현상을 경험한 사례도 있었다.

사실 내성을 갖게 된 것은 모기가 아니라 그 개체군이었다. 선천적으로 바이러스에 내성을 가진 사람들이 있듯 DDT에 무감각한 모기들이 있었던 것이다. 이 모기들은 유전적 이상으로 인해 번식력이 떨어지긴 하지만, 그것으로 인해 우연히 내성이라는 부수적인 효과를 갖게 된 것이다. 다른 모기들이 소멸될 때 이 모기들은 살아남아 번식했다. 처음에는 장애였던 것이 나중에는 큰 장점이 된 셈이다. 모기들이 유전적 이상이라는 장점을 자손들에게 전달하면서 살충제에 반응했던 최초의 개체군은 내성을 가진 개체군으로 대체되었다. 이 현상은 박테리아가 항생제에 내성을 '갖게 되는' 과정과 유사하다.

이러한 진화는 독성 물질의 출현이라는 환경 변화로 발생한 것이지만 이 독성 물질 자체가 개체적 변화에 영향을 미친 것은 아니다. 다시 말해 DDT와 접촉한다고 해서 개체가 진화하는 것은 아니라는 뜻이다. 어떤 모기들은 DDT와 접촉하기 전에 이미 '내성

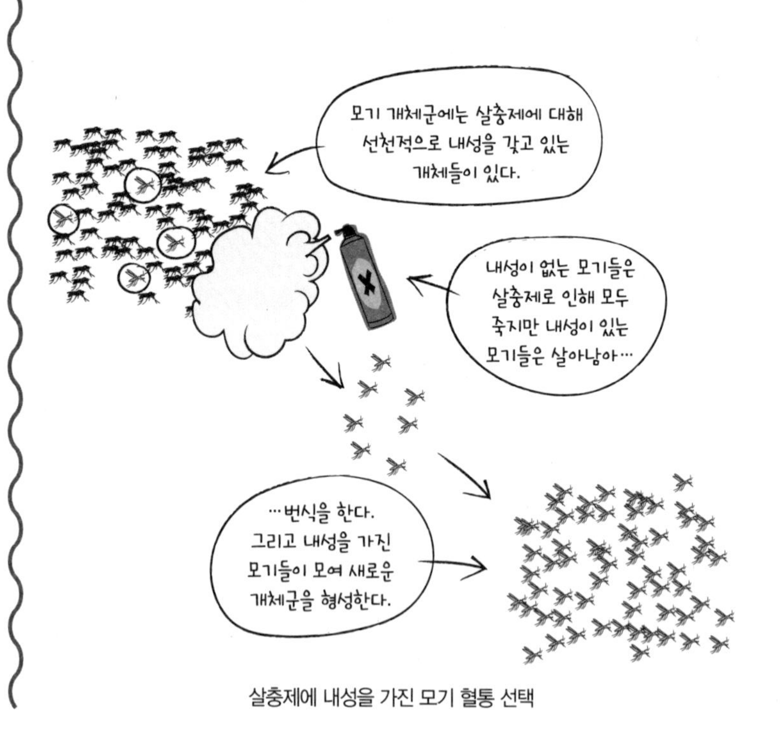

살충제에 내성을 가진 모기 혈통 선택

을 갖고 있기' 때문에 어떤 화학적 반응으로 변형이 일어나는지 깊이 생각해볼 필요도 없다. 개체군의 변이는 특별할 것 없는 간단한 메커니즘, 즉 소멸될 개체들과 생존할 개체들(살아서 번식할 수 있는) 간의 냉혹한 분류에 의해 이루어진다.

잘못 이해한 개념

다윈이 저술한 그 역작의 실제 제목은 '종의 기원On the Origin of Species'이 아니라 '자연 선택에 의한 종의 기원 혹은 생존 경쟁에서 유리한 종족의 보존에 대하여On the Origin of Species by Means of Natural Selection, or the Preservation of Favoured Races in the Struggle for Life'이다. 다윈의 이론에 등장하는 그 유명한 **생존 경쟁**이라는 개념이 처음 소개된 것이 바로 이 책이다. 그 후 이 용어는 생물학뿐 아니라 사회학, 경제학에 이르는 모든 분야에서 널리 사용되었다. 생존 경쟁이란 어떤 생물이든 생존을 위해 싸워야 한다는 뜻으로, 여기서 싸움의 상대는 '내가 아닌 모든 것'을 의미한다. 이 책의 제목을 눈여겨본 독자라면 자연 선택이라는 것이 냉혹하지만 꼭 필요한 물리적 다툼의 의미로 쓰였다는 것을 이해할 수 있을 것이다.

사실 다윈이 말한 생존 경쟁은 일종의 비유적 표현이다. "내가 사용한 생존 경쟁이라는 용어가 유기체의 상호종속 관계를 내포하는 포괄적이고 비유적인 의미로 쓰인 것임을 명확히 밝히고자 한다. 더 중요한 것은 각 개체의 생존만이 아니라 번식력이나 자손의 유무 여부이다. 두 육식동물이 기근에 시달리다보면 생존을 위해 식량 쟁탈전을 벌일 것이라는 데는 이견이 없을 것이다. 하지만 사막 근처에 있는 식물들도 나름대로 생존을 위해 건조한 기후와 싸우고 있는 것이다. 물론 습도가 식물의 생존을 좌우한다고 말하는 것이 더 정확한 표현일 것이다." 또한 간접 경쟁에 대해서도 생각해보아야 한다. "겨우살이의 씨앗을 퍼뜨려주는 것은 새들이므로 겨우살이의 생존은 새에게 달려 있는 셈이다. 비유적으로 표현하면 겨우살이는 다른 과실수들과 경쟁 관계에 놓여 있다고도 말할 수 있다. 왜냐하면 식물들에게는 새들이 자신의 열매를 먹고 그 씨앗을 퍼뜨리도록 유인하는 것이 중요한 일이기 때문이다."

우리는 자주 앞에 언급된 생존 경쟁의 정의를 잊고 발톱과 이빨로 대변되는 생존이라는 거친 현실의 투쟁적 측면에만 집중한다! 거기서 더 나아가 포식자와 피식자라는 단편적인 관계에만 몰두한다. 가젤이 치타로부터 도망치는 것은 이 고양이과 동물의 먹이가 되려는 자신의 존재를 보호하기 위해서다. 이는 포식자와 '경쟁'하는 것이나 마찬가지다. 그러나 자연 선택은 포식자와 피식자의 관계에만 국한되는 것이 아니다. 생존 경쟁은 다른 종과의 관계에서도 나타날 수 있지만 주로 동종의 개체들 사이에서 일어나기 때문이다. 이 개념은 예전부터 전해져온 생물학자들 간의 우스갯소리만으로도 이해할 수 있다.

가젤 두 마리가 치타를 보고 도망치려고 했다. 이때 걱정 많은 가젤 한 마리가 "저 치타가 분명 우리보다 빨리 달릴 텐데 뛰어봐야 무슨 소용 있겠어!"라고 말하자, 옆에 있던 가젤이 "나는 너보다만 빨리 뛰면 돼……"라고 대답했다.

생존 경쟁의 핵심 내용은 종 내 경쟁이다. 누가 포식자에게서 도망칠 것인가? 누가 풍족한 식량을 얻을 것인가? 누가 가장 많은 자손을 남길 것인가? 이 질문에 가장 만족할 만한 답을 줄 수 있는 개체들은 소멸된 개체들보다 환경에 더 잘 적응한 것이라고 볼 수 있다. 그러나 이 적응의 개념을 제대로 이해하지 못하는 경우가 많다.

어떤 동물이 자신의 삶의 방식에 완벽하게 적응했는지 보려면 그 동물의 생존 여부만 확인하면 된다! 제대로 적응하지 못했다면 그 종은 이미 오래전에 소멸되었을 것이기 때문이다. 그만큼 적응이라는 것은 더 이상 부연 설명이 필요 없을 만큼 너무나 명확한 개념이다. 하지만 현실적으로 종의 변형 메커니즘과 변형으로 인한 최종(혹은 임시적인) 결과라는 적응의 두 가지 측면을 혼동하는 경우가 있다. 생물학자들은 형태의 진화 **과정**process과 그것이 이룬 **결과**pattern를 구분해서 본다.

개체의 생존과 번식의 확률을 높여주는 행동 혹은 해부학적 특징과 이러한 적응의 결과, 즉 다음 세대에 이 개체(그 유전자)가 기여한 점을 구분해야 한다. 생물학자들은 **적응도**fitness라는 용어를 사용해 얼마나 잘 적응했는지를 양적으로 평가한다. 능력이 가장 뛰어난 개체는 생존해 있을 뿐 아니라 자손도 두고 있을 것이다(다른 개체에 비해 자손의 수도 많을 것이다). 개체의 적응도를 측정한다는 것은 일반적으로 같은 세대의 다른 개체에 비해 더 많은 수의 자손을 남길 가능성을 평가하는 것이다.

결과적으로 적응이란 어떤 개체에게서 새로 생겨난 특징이며, 자연 선택에 의해 유지된 것이라고 할 수 있다. 세대를 거듭하면서 이 특성은 개체군 내에서 일반화된다.

라마르크의 변형주의

다윈 이전에도 진화에 대한 개념은 발달해 있었다. 프랑스 박물학자 장바티스트 드 라마르크Jean-Baptiste de Lamarck가 주장한 변형주의가 그 주인공이다. 1809년에 출간된 『동물 철학Philosophie zoologique』에서 라마르크는 종의 변형 메커니즘을 제시했다. 그는 필요에 의해 하나의 기관을 사용하다보면 그것이 변형되는데, 특정 기관을 유독 많이 사용하면 그것이 강화되어 발달하고, 반대로 '사용하지 않을' 경우에는 퇴화한다는 용불용설을 주장했다.

라마르크는 기린을 예로 들었다. "풀이 없는 불모지에 서식하던 기린의 유일한 식량은 높은 나무 위에 달린 잎뿐이었다. 그러다 보니 기린은 계속해서 그곳에 닿기 위해 애썼다. 기린이라는 종에 속한 모든 개체가 오랜 시간 지속해온 이 습관 때문에 앞다리가 뒷다리보다 길어지고 목이 늘어난 것이다. 그 결과 기린은 뒷다리를 펴지 않고 머리만 들어도 6미터 높이까지 닿을 수 있게 되었다."

또한 라마르크는 반추동물의 뿔이 탄생한 배경을 유체의 이동 체계 때문이라고 설명한다. "반추동물, 특히 수컷들은 화가 나면(이것은 아주 흔한 일이다) 감정을 이기지 못하고 혈액을 머리 쪽으로 더 강하게 보내려고 애쓴다. 그런데 그때 머리에 뿔을 만드는 물질이 분비되거나 뿔과 뼈 형성에 관여하는 물질이 섞여 분비되면 단단한 돌출부가 생긴다. 대부분 반추동물은 이런 과정을 거쳐 머리에 뿔을 갖게 된다." 간단히 말하면, "기관, 즉 동물 신체 일부의 형태와 특성이 습관과 특별한 능력을 만드는 것이 아니라 반대로 그들의 습관과 삶의 방식이 (…) 시간이 지나면서 몸의 형태를 만들고, 기관의 상태와 개수를 결정하며, 결과적으로 그 동물의 능력을 결정하는 것이다".

우리는 종종 이러한 개념을 '기능이 기관을 만든다'라는 문장으로 정리하는데, 이는 동물들에게 생리학적으로나 해부학적 의미의 새로운 기관이 생기면서 새로운 기능이 추가된다는 개념의 자연 선택과 정반대 의미를 가진다. 자연 선택은 오히려 '기관이 기능을 만든다'는 의미에 더 가깝기 때문에 라마르크가 제안한 메커니즘은 다윈주의와 정반대라고 할 수 있다. 사진 촬영을 위해 만든 카메라를 라마르크적인 사고의 결과물이라고 본다면, 출시된 이후 계속해서 기능이 조금씩 추가되는 태블릿 PC는 다윈주의에 가까운 것으로 볼 수 있다!

이들은 종의 진보 경향에 대해서도 의견이 충돌했다(두 박물학자가 실제로 만난 적은 없기 때문에 여기서 충돌은 가상의 의미이다). 라마르크는 종이 끊임없이 완벽을 향해 변형되다가 결국 인간에 이른다는 사다리 모형을 제시했다. 그러나 다윈은 이 '진보'가 종이 진화할 수 있는 여러 방향 가운데 하나에 지나지 않는다고 여겼다(106쪽 '진보의 문제' 참조).

라마르크와 다윈은 획득 형질 유전에 관해서도 의견이 엇갈렸다. 사실 이 개념은 라마르크 혼자 고안해낸 것이 아니다. 당대 사람 모두가 당연하게 여기던 사실이었기 때문에 다윈 또한 그것을 자연 선택의 보조적인 메커니즘으로 사용한 것이다. 그러다 19세기 말에 이르러 독일 생물학자 아우구스트 바이스만August Weismann이 획득 형질은 자손에게 유전되지 않는다는 사실을 밝혀냈다.

성 선택

다윈은 자연 선택의 개념으로 모든 것을 설명할 수 없다고 생각했다. 사슴의 뿔이나 수컷 공작새의 꼬리 깃털처럼 실용성과 거리가 먼, 거추장스러운 기관들도 있기 때문이다. 이러한 기관들이 한쪽 성에만 존재한다는 사실에 착안한 다윈은 이를 동물의 번식과 연관

지어 **성 선택**이라는 개념을 발전시켰다. 번식을 위해서는 동물이 성적으로 성숙해질 때까지 생존해야 하는데, 이것은 곧 자연 선택이라는 필터를 성공적으로 통과해야 한다는 뜻이다. 그러나 번식에 실패하면 개체가 가진 형질들은 사라지고 해당 종에는 큰 이득이 되지 못한다. 따라서 번식기가 되면 동성의 동종 개체들은 경쟁을 하거나 특별한 행동을 하여 상대를 '유혹'한다.

다윈은 사슴의 경우 암컷을 차지하기 위해 벌이는 수컷들 간의 경쟁에서 뿔이 유용하게 쓰인다는 사실을 예로 들었다. 큰 뿔을 가진 힘 센 수컷들이 이 경쟁에서 유리한 위치를 차지하는 경우가 종종 발생하는데, 그러다보니 유일한 혹은 소수의 수컷만이 번식을 통해 자신의 형질을 자손에게 물려줄 수 있는 것이다. 즉 성 선택은 동종의 수컷들 사이에서 벌어지는 경쟁과 관련된 것이라고 볼 수 있다. 발정기가 끝난 수사슴의 기존 뿔은 떨어져나가고, 이듬해 봄이 되면 더 크고 많이 갈라진 뿔이 자라기 시작하는데, 이 과정이 매년 반복된다. 수컷은 칼슘을 비롯한 뿔 성장에 필요한 모든 성분을 섭취해야 하기 때문에 뿔을 만드는 데 대가가 따르는 셈이다. 게다가 뿔이 커질수록 머리를 지탱하는 목의 근육은 더 강해져야 한다. 뿔의 무게가 일정량을 넘어설 경우에는 번식에서의 장점보다 매년 이 장식품을 만들어야 하는 불편함이 더 커질 것이다. 자연 선택은 이렇게 성 선택과 균형을 이루며 진행된다.

수컷 공작새의 꼬리 깃털 또한 같은 경우로 볼 수 있다. 눈 모양의 장식이 있는 꼬리 깃털은 구애 행동을 할 때 큰 효과를 거둔다. 그러나 이 화려한 꼬리는 포식자의 눈에 잘 포착될뿐더러 날아갈 때 거추장스럽기 때문에 일상생활에서는 큰 걸림돌이 된다. 암컷과 짝을 이루고 번식하는 데는 도움이 될지 몰라도 개체의 수명을 유지하는 데는 오히려 방해가 되는 셈이니 사실상 이것은 암컷에게 보내는 신호인 것이다. 수컷의 능력을 명확히 드러내 보이지는 못하지만 불리한 조건 속에서도 살아남을 수 있다는 사실을 간접적으로나마 증명해주는 생존력의 가늠자이자 정직한 '신호'인 셈이다. 통계적으로 봤을 때 이러한 유형의 수컷을 선택한 암컷들은 아버지와 동일한 형질을 가진 새끼를 낳고, 결과적으로 경쟁력 있는 자손을 많이 갖게 된다. 반면에 꼬리 깃털이 적은 수컷을 선택한 암컷들은 환경에 제대로 적응하지 못하는 새끼들을 낳고, 그 수도 적다. 암컷의 선택 역시 성 선택의 영향을 받는 것이다.

작은 까마귀나 갈색여우원숭이와 같은 일부 종에서는 수컷과 암컷을 구별하기가 어렵다. 반면에 새들의 경우에는 수컷이 암컷에 비해 더 다채로운 색을 띠는 경우가 많다. 코끼리물범이나 고릴라의 경우에는 수컷이 암컷보다 몸집이 훨씬 더 크다. 이 **성적 이형성**, 즉 수컷과 암컷이 서로 다르다는 사실(생식기는 차치하고라도)은 이들이 성 선택과 직면해 있다는 것을 보여준다. 인간의 경우에는 남성이 여성보다 몸집이 조금 더 큰데, 침팬지도 그런 경향을 보인다. 신체의 형태와 발모 상태에서도 성별 차이가 존재한다. 다윈이 자신의

갈색여우원숭이

저서에서 인간의 기원이라는 주제를 다루면서 대부분 지면을 성 선택에 할애한 것은 우연이 아니다. 그만큼 성 선택은 인간의 진화에서 매우 중요한 역할을 해온 것이다.

이론에 대한 반응

『종의 기원』은 출간과 동시에 박물학자들뿐만 아니라 일반 대중 사이에서도 큰 논쟁을 불러일으켰다. 사실 처음부터 과학적, 철학적, 종교적 논쟁이 복잡하게 얽혀 있었다. 인간의 기원에 대해 언급하지는 않았지만 동물 진화의 연장선상에서 보면 그것은 피할 수 없는 일이었다. 그의 책을 읽은 모든 사람은 인간이 동물로부터 기원했음을 암시하고 있다고 생각했다. 이는 성경의 가르침과 전면적으로 대치되는 내용이었다.

이러한 대혼란은 종교적 교리를 지나 "빅토리아 시대를 사는 이들에게 혐오감을 주는 풍습을 가진 동물로 인식되었던 원숭이 한 쌍을 아담과 이브의 자리에 놓는다는 것이 상상이나 할 수 있는 일인가?" 하는 생각으로 발전했다.

박물학자들 사이에서도 의견이 엇갈렸다. 사실 진화라는 개념 자체가 기정사실로 받아들여진 지는 오래되었으나 여전히 창조론적 사고를 견지하는 박물학자들은 진화의 개념을 부정한 채 아주 소소한 변이에 그치는 변화만을 인정했다. "원숭이에서 이성을 가진 인간이 창조되었다고 하기에는 신이 가진 자원이 너무 빈약하다"고 주장한 미국의 박물학자, 루이 아가시Louis Agassiz도 그 경우에 해당했다. 대영박물관 관장이자 해부학자였던 영국인 리처드 오언Richard Owen은 진화론자들의 편에 서긴 했지만 자연 선택의 개념을 인정하지 않았다. 다윈이 제시한 메커니즘의 내면을 살펴보면 직관적인 것과는 거리가 멀다. 왜냐하면 자연이 생물의 이익을 위해 직접적으로 개입한다는 생각을 부정하고 있기 때문이다. 박물학자들로선 맹목적인 선택과 불확실한 변이에 의해 진행되는 진화를 인정하기 힘들었던 것이다. 이것이 아무리 동물에 국한된 문제라 하더라도 인간 역시 이렇게 우발적인 방식으로 탄생했을지 모른다는 생각 자체를 받아들일 수 없었던 것이다. 여기에는 과학적 이유보다 종교적 이유가 더 크게 작용했다.

그럼에도 불구하고 찰스 다윈은 영국의 식물학자 조지프 후커나 지질학자 찰스 라이엘, 독일의 생물학자 에른스트 헤켈Ernst Haeckel과 같은 영민한 박물학자들의 지지를 받았다. 또한 친구였던 토머스 헉슬리Thomas Huxley는 확고부동한 태도로 다윈을 지지해 '다윈의 불독'이라는 별명을 얻었으며, 다윈보다 훨씬 앞선 1863년에 인간의 기원에 관한 책을 출간한 바 있다.

『종의 기원』이 출간되고 몇 개월 뒤 열린 공개토론회에서 토머스 헉슬리와 조지프 후커는 새뮤얼 윌버포스Samuel Wilberforce 주교와 팽팽하게 대립했다. 주교는 신학적 논거와 함께 영국 교회의 입장을 대변했으나 다윈은 과학에 한정된 입장을 고수했다. 이러한 태도 때문에 그를 지지하는 박물학자가 늘어났다. 사실상 자연 선택이 갖는 설득력은 라마르크의 변형주의나 18세기의 특징적인 '체계'와 비교도 할 수 없을 정도였다.

『종의 기원』은 우리가 살고 있는 이 세상에 대한 수많은 관찰을 집대성한 것이다. 그 덕분에 우리는 기이하게 보였던 일들 가운데에도 그 현상의 근간이 되는 일종의 틀이 있음을 알 수 있게 되었다. 해부학자들은 새의 날개나 돌고래의 지느러미, 말의 다리, 인간의 사지가 같은 모델에서 만들어졌다는 주장을 자명한 사실로 받아들인다. 창조론자들에게는 신의 의지가 표현된 것에 지나지 않았지만,

다윈은 그에 대한 합리적인 설명을 찾고 싶어 했다. "각각의 존재를 독립적으로 창조했다는 가설을 통해 우리가 확인할 수 있는 사실은 이것뿐이다. 창조자는 일률적인 계획하에서 모든 종류의 동식물을 만들고자 했다는 것이다. 물론 이것은 과학적인 설명이 아니다." 다윈은 이러한 유사성을 현생하는 모든 척추동물이 하나의 조상 종으로부터 나왔다는, 즉 공동의 기원을 갖고 있다는 신호로 받아들였다. 다윈은 초자연적인 혹은 신의 도움과 관련된 '설명'을 배제하려 했다. 이런 면에서 다윈은 19세기 자연사보다 좀 더 현대적인 기준에 가까운 과학적 엄격성을 보여준 셈이다.

또한 박물학자들은 배아 단계의 척추동물이 성년 단계의 모습보다 훨씬 더 닮았다는 사실에 강한 인상을 받았다. 닭, 도마뱀, 쥐의 배아 간에는 공통점이 많지만 배아 발달 과정에서 각 개체는 고유의 동물학적 형질과 종의 형질을 획득하면서 그 유사성이 사라진다. 이 현상을 통해 인간 배아에 달려 있는 작은 꼬리에 대해서도 설명할 수 있다. 인간의 배아는 다른 포유류와 마찬가지로 척추와 머리, 사지로 구성되어 발달한다는 점에서 동일하다. 일부 종에서는 이 꼬리가 그대로 유지된 채 발달하기도 하고, 영장류와 같은 종에서는 꼬리가 퇴화되어 꼬리뼈가 되기도 한다. 이것은 2,500만 년 전에 있었던 현생 영장류(긴팔원숭이, 오랑우탄, 고릴라, 침팬지, 인간)의 조상들로부터 진화하는 과정에서 생긴 일이다. 다윈에게 '퇴화된 기관은 그 기원과 의미에 대해 다양한 방식으로 이야기를 들려주는 존재'였다.

19세기 말 과학계에서 창조론은 진화론에 자리를 많이 내주었다. 그러나 자연 선택이 진화를 이끄는 주요한 힘이라는 다윈주의의 핵심적인 생각은 일시적으로 힘을 잃은 상태였다. 여전히 신의 개입이 있었다고 믿고 싶어 하는 이들이 많았기 때문이다. 그들이 생각하는 신은 모든 형태의 생명체를 창조하지는 않았을지 몰라도 여러 종이 출현할 수 있는 조건을 만들어주고, 특히 인간이 출현할 수 있도록 진화 방향을 설정한 주체였던 것이다. 하지만 과학자들은 자연의 메커니즘을 옹호했다. 특히 프랑스에서는 라마르크의 생각이 전폭적인 지지를 받았다. 늘 더 크고 복잡한 형태로의 진화로 이끄는 내적인 힘에 대해 연구하기도 했다. 그들에게는 인간이 창조물 가운데 가장 으뜸은 아닐지라도, 진화의 승리를 상징하는 존재라는 핵심적인 메시지가 각인되어 있었던 것이다.

« 퇴화된 기관은 한 단어의 철자 속에 남아 있는 글자들과 비슷하다. 발음에는 영향을 미치지 않지만 단어의 기원과 계보를 찾는 데 도움을 주는 글자들 말이다. »

찰스 다윈, 1859

과학의 다른 연구 분야들과 연계되면서 자연 선택은 과학이라는 무대로 다시 돌아왔다.

3장

활발한 진화

20세기는 유전학과 분자생물학의 발달로 다윈주의가 새롭게 변모한 시기였다. '종합진화설'로 불리며 생물학 연구 전반의 기틀을 마련했고, 생명의 역사에서 이 분야들이 굳건히 자리 잡을 수 있도록 도와주었다.

다윈은 종 내의 **변이**를 직접 관찰할 수 있는 명백한 사실로 받아들였지만 그 원인을 찾지 못했다. 당시에는 동종의 개체들이 가지는 차이의 근원을 알아낼 방법이 전혀 없었던 것이다. 형질의 다양성이나 예측 불가능한 형질의 출현, **유전 형질**과 같은 특성만을 찾아내 기술하는 수준이었다.

그러나 유전학자들이 유전자의 특징을 기술하기 시작하면서, 다윈이 말한 변이는 **돌연변이**라는 개념으로 설득력 있게 설명할 수 있게 되었다. 여기서 변종이란 돌연변이를 말한다! 생명과학 분야 전반에 걸친 생물학자들의 연구 덕분에 다윈주의는 20세기를 거치면서 더욱 발전하고 확장되었다.

변이에서 돌연변이까지

유전학의 창시자인 오스트리아의 성직자, 그레고어 요한 멘델 Gregor Johann Mendel의 연구가 발표된 것은 1866년이다. 그때만 해도 과학계는 그의 연구에 별로 관심을 보이지 않았다. 멘델은 어떻게 식물의 물리적 특징이 마치 미립자처럼 세대를 거듭하면서도 변하지 않고 전달될 수 있는지 보여주었다.

물론 그 효과가 드러나지 않는 경우도 종종 있었다(고등학교 때 배웠던 그 유명한 우성과 열성의 개념이 여기에서 나온다. 노란색과 초록색의 완두콩, 매끄러운 완두콩과 주름진 완두콩을 통해 관찰했던 것 말이다). 19세기 말 3명의 식물학자가 각각 **멘델의 법칙**을 재발견했고, 그것이 유전학의 기초가 되었다.

한 생물의 명확한 특징을 결정짓는 유전의 기본 단위를 유전자라고 정의하는데(78쪽 '염색체, 유전자, DNA' 참조), 생물학자들은 유전자형(각 개체가 가진 유전자의 합)과 표현형(외형 혹은 기능)을 구분해서 생각한다. 각각의 유전자는 **대립유전자**라 불리는 여러 형태로 개체군 속에 존재하며, 털이나 눈동자의 색, 기관의 형태, 신체적 혹은 생리적 이상 등의 여러 형질로 발현된다. 이러한 변이로 인해 종의 '다형성'이 생기는 것이다.

그러나 이 새로운 학문 또한 다윈의 생각과 대립된다고 볼 수 있다. 왜냐하면 유전학에서는 세대를 거듭해도 대립유전자가 변하지 않고 보존되며 그 덕분에 아이가 부모를 닮는다고 설명하는 반면, 다윈주의에서는 새로운 변이가 새로운 종의 기원이 된다고 주장하기 때문이다. 보존과 진화가 충돌하는 셈이다. 다윈은 멘델의 법칙에 대해 전혀 알지 못했기 때문에 돌연변이라는 개념이 생기기도 전에 다윈이 자신의 이론에 이 법칙을 접목시켰는지는 알 수 없다.

1911년 토머스 모건Thomas Morgan(1933년 노벨 생리의학상 수상자)은 유전자가 염색체에 의해 운반되며 가끔 돌연변이가 일어나 새로운 대립유전자가 출현한다는 사실을 증명했다. 유전자의 발현, 즉 해부학이나 생리학적 측면에서의 발현이 복잡해 보이기는 하지만 다윈이 예상했던 바와 정확히 일치한다는 사실이 밝혀지는 데는 오랜 시간이 걸리지 않았다.

실제로 돌연변이는 동물의 삶의 방식이나 존재에 영향을 미치는 사건들과 무관하게 우연히 나타나는 데다 염색체를 통해 다음 세대로 전달된다. 다시 말해 돌연변이와 그로 인한 효과는 다윈이 설명한 변이의 특징과 정확히 일치한다.

신다윈주의, '종합진화설'

1930년대에는 개체군 속 유전자의 분포와 시간의 흐름에 따른 유전자의 변화 문제를 유전학의 한 분야에서 다루었다. 개체군에 관한 유전학 연구는 기존의 다윈주의와 유전학을 결합한 것이었다.

실질적인 개체군 연구를 통해 몇 세대에 걸쳐 실제로 이루어지는 선택의 효과를 시험해볼 수 있다. 토머스 모건은 돌연변이 유전에 관한 실험 대상으로 초파리(vinegar fly 혹은 drosophila)를 선택했다. 부엌에 놓인 잘 숙성된 과일 주변을 맴도는 작은 날벌레들이 바로 초파리인데, 사육하기 쉽고 2주면 다음 세대로 전환이 가능해 1년이면 25세대를 관찰할 수 있으니 개체군의 진화 연구에는 매우 적합한 모델이라 할 수 있다.

다윈은 여러 섬에서 발견된 무시류, 즉 날개 없는 곤충들이 바람에 의해 선택된 것이라고 설명했다. 다윈의 주장에 따르면 날개 달린 개체들은 돌풍이 불면 휩쓸려가지만 무시류 곤충들은 땅에 있기 때문에 보호받을 수 있다는 것이다. 1936년경 프랑스 생물학자 필리프 레리티에Philippe L'Héritier는 브르타뉴주의 로스코프에 있는 실험실 지붕 위에서 키운 초파리들로 이 가설을 증명하고자 했다. 며칠 만에 흔적기관으로서의 날개(퇴화된 날개)를 갖게 된, 날지 못하는 돌연변이 초파리들이 개체군의 대다수를 차지했다. 정상적인 날개를 가진 초파리들이 바람에 휩쓸려가는 바람에 대부분 사라진 것이

초파리와 돌연변이 초파리

다. 레리티에는 이렇게 결론 내렸다. "해풍에 노출된 서식지에 사는 곤충들의 날개가 없어지는 이유는 이것이 아주 유용한 기형이기 때문이고, 일부 종에서 우연히 돌연변이가 생겨났다고 하더라도 선택이라는 게임은 거기에서 계속되었을 것이라고 본다." 이로써 다윈의 가설이 실험을 통해 입증된 셈이다.

이소적 종 분화, 즉 '고향'이 둘로 분리됨으로써 새로운 종이 형성된다는 이론은 새로운 종의 출현에 관한 포괄적인 답이 될 수 있다. 어떤 동물종이 해협이나 사막, 산맥 등 넘을 수 없는 장벽에 의해 두 개체군으로 분리되었다고 가정해보자. 장벽을 경계로 양쪽의 생활 조건마저 다르다면 두 개체군 내에서 돌연변이가 출현할 것이다. 이는 예측 불가능한 자연환경의 영향 때문이다. 그리고 두 개체군은 서로 다른 제약을 받으면서 각기 다른 방향으로 진화할 것이다. 이

« 생물학에서는 진화의 개념을 통하지 않으면 그 어떤 것도 의미가 없다. »

테오도시우스 도브잔스키, 1973

런 상태로 오랜 시간 개체군이 격리되면 그들 간의 교배마저 불가능한, 두 개의 개별적인 종으로 분화되는 단계에 이를 것이다. 이것이 바로 다윈이 갈라파고스 제도에서 관찰한 내용이다. 물리적인 격리 없이 종이 형성되는 과정(동소적 종 분화)은 염색체 메커니즘이 포함된 다른 이론 모델을 통해 설명할 수 있다.

개체군의 유전자로부터 얻은 결과와 고생물학적, 생물지리학적 분야의 발견은 사실 **신다윈주의**라고 불리는 **종합진화설** 속 자연 선택의 개념과도 연관되어 있다. 종합진화설은 유전학자 테오도시우스 도브잔스키Theodosius Dobzhansky와 토머스 헉슬리의 손자인 생물학자 줄리언 헉슬리Julian Huxley, 동물학자 에른스트 마이어Ernst Mayr, 고생물학자 조지 심프슨George Simpson 등에 의해 발전되었다. 이들에게 진화란 소규모 돌연변이의 출현을 통해 개체군이 점진적으로 변화하는 것을 의미했다. 개체군이 격리되면 종의 불일치가 점차 심화되다 결국 새로운 종이 탄생한다고 믿었던 것이다.

진화의 예시들이 자연에서 관찰되기 시작했다. 예를 들어 회색가지나방이라 불리는 비스톤 베튤라리아*Biston betularia*는 날개에 연회색과 회갈색 무늬가 있는데, 그 가운데에서 드물지만 몸체와 날개가 검은색에 가까운 짙은 갈색을 띠는 흑색증에 걸린 나방이 관찰되

종의 분화에 관한 고전적인 모델로, 하나의 종에서 두 개의 종으로 분화되는 과정

었다. 이 최초의 돌연변이는 1850년경 영국 맨체스터 인근에서 발견되었다. 이후 19세기 말이 되면서 이 돌연변이들은 개체군의 98%를 차지했다.

이 나방들은 회색 이끼로 덮인 나무 위에 앉아 있어도 천적인 새의 눈에 잘 띄지 않았다. 그러나 산업화로 인한 대기오염으로 이끼

회색가지나방

가 사라지고 흑수병으로 인해 나무줄기가 검은색으로 변하면서 이 밝은색 나방들은 눈에 잘 띄게 되었다. 반대로 흑생증에 걸린 나방은 몸을 숨기기가 수월해졌다. 그러다 1970년대에 이르러 대기의 질이 다시 개선되면서 이끼가 자라기 시작해, 두 나방의 생존율이 역전되었다. 1955년에 이 자연 선택에 의한 적응 과정이 기술되었는데, 회색가지나방은 미국에서도 같은 현상을 경험했다.

이 '공업 암화 현상'은 선택의 효과를 믿지 않는 논객들의 비판을 받았다. 그러나 1980년대 진행된 수많은 실험을 통해 이끼로 뒤덮인 나무줄기 위의 검은 나방들과 아무것도 덮이지 않은 나무줄기 위의 옅은 색 나방들이 낮은 생존율을 기록한 것은 새들 때문이라는 사실이 증명되었다. 그리고 2016년이 되어서야 그 유전자가 돌연변이의 영향을 받았다는 사실이 밝혀졌다. 또 어떤 이들은 당시에도 모든 나방이 종 간 교배를 할 수 있었기 때문에 돌연변이에 의해 새로운 종이 형성된 것은 아니라고 비판했다. 진화론자들은 이것이 진정한 종 분화로 가는 첫걸음에 불과하다고 보았다.

최후의 반항아들

다윈의 주장에 설득력이 부족하다는 이유로 프랑스의 생물학자들은 오랫동안 라마르크의 의견에 동조해왔다. 떳떳하게 밝히기는 힘들지만 약간의 국수주의도 한몫했을 것이다. 사실 라마르크의 신뢰감 있는 설명 방식 때문에 다윈의 주장을 수용하지 않은 면도 있다! 라마르크는 '동물이 문제에 직면하면 자연은 해결책을 찾아준다', 즉 활동 중에 어떤 기관이 필요해지면 해당 기관이 등장하거나 기능이 강화되고, 그 획득 형질이 동물의 자손에게 전달된다고 주장했다. 그가 말하는 진화는 생물의 요구에 직접적으로 반응하는, 영험한 능력에 가까웠다. 반면 자연 선택은 설계라는 것이 없는 맹목적인 메커니즘이기 때문에 동물들이 잘 적응하기 위해서는 혹독한 대가를 치러야 한다는 인식이 있었다. 여기서 대가란 개체 대부분이 냉혹한 분류를 통해 제거되는, 끔찍하리만큼 많은 희생을 의미했다.
이러한 라마르크의 생각은 자신의 창조물을 잘 돌보는 은혜로운 신에 대한 믿음과 일치했다. 물론 이러한 해석은 박물학자들의 의사와 전혀 부합되지 않았다. 그러나 프랑스의 동물학자들 가운데는 1960년대 말까지도 라마르크주의를 신봉하는 이들이 있었다. 그들은 진화를 '목적론적' 개념으로 인식하고 정해진 방향에 따라 진화하는, 정향진화적 시각을 선호했다. 선사학자이자 예수회 수도사인 피에르 테야르 드샤르댕Pierre Teilhard de Chardin의 경우에도 모든 진화는 인간의 영적인 완성이라는 궁극적인 목적을 향해 진행된다고 믿었다. **목적론적 진화**를 주장하는 생물학자들은 돌연변이를 그들이 묘사하는 '창조적 진화'에 포함되지 않는 병리학적 이상이라고 생각했다. 프랑스의 동물학자 피에르폴 그라세Pierre-Paul Grassé도 '환경에 자동적으로 적응하면서 일어나는 라마르크식 변이'라는 개념을 지지하며, 그 틀 안에서 DNA의 변이는 '세대를 거듭하며 계속되는 이미 예정된 노고'에 해당한다고 생각했다. 만약 생물학에서 진화에 대한 답을 찾지 못하면 '형이상학 분야에서 그 일을 대신 해줘야' 하는 상황이었다! 다분히 유심론적 성격을 띠고 있던 '신라마르크주의' 학파는 프랑스 내에서 다윈주의가 비약적으로 발전하지 못하도록 지속적으로 제동을 걸었다. 대학에서는 20세기 말이 되어서야 목적론이 배제된 진화론적 개념들이 자리 잡았고, 그 후 중등 교육기관에도 전파되었다.

진화의 리듬

새로운 가설이 나오면서 그간의 비판들은 자취를 감추었다. 적어도 앵글로색슨 국가에서만큼은 진화론이 진정한 이론으로 인정받았다. 다윈주의의 알려지지 않은 주요한 내용, 즉 변이의 기원을 덮고 있던 베일이 벗겨지면서 돌연변이와 선택이라는 한 쌍의 개념이 깜짝 놀랄 만큼 설득력을 갖게 된 것이다. 진화는 선택의 지배를 받는, 돌연변이의 축적에 의해 돌아가는 일종의 기계로 비유되었고, 거기서 더 나아가 **향상진화**(기존 혈통이 점진적으로 변화하는 것)와 현재 생물 다양성의 기원이 되는 **분기진화**(새로운 혈통의 출현)의 개념도 등장했다. 이렇게 신다윈주의적 합의가 이루어진 상태에서도 일부 예외적인 사항들이 논제가 되면 열띤 토론이 벌어지곤 했다.

사실 집단 유전학에서는 종의 변형에 관여하는 또 다른 메커니즘인 **유전적 부동**이 부각되고 있었다. 이는 모든 개체군 내에서 여러 버전의 동일한 유전자(대립유전자)의 발현 빈도가 무작위로 변하는 것을 의미한다. 그러나 생존에 유리한 대립유전자가 있다면 이러한 발현 빈도의 변화는 자연 선택의 영향을 받을 수 있는 것이다. 소규모 개체군에서는 하나의 대립유전자가 우연히 도태되기도 하고, 생식체가 가진 생식세포 안으로 배치되어 사라질 수도 있다. 예전에는 여자들이 자신의 성姓을 자식에게 물려주지 않았기 때문에 가문에 여자만 있을 경우 성이 사라지기도 했는데, 이것과 마찬가지 경우라고 볼 수 있다. 유전적 부동을 통해 자연 선택의 개입 없이도(물론 그 이후에는 자연 선택의 영향을 받는다) 개체군의 유전적 구조가 변하는 것이다.

분자 차원에서 진화를 해석한 내용을 보면(4장 참조) 다형성의 출현 빈도가 예상보다 너무 높아 이것을 자연 선택의 효과로 보기에 무리가 있다는 사실이 밝혀졌다. 여기서 자연 선택은 개체들을 분류하고 그 가운데 잘 적응한 변종만 보존한다는 의미를 갖는다. 또한 수많은 돌연변이가 선택에 중립적인 영향을 미쳤다는 사실을 인정해야 한다. 다시 말해 유전자는 등가의 여러 형태로 존재할 수 있다는 뜻이다. 이것이 바로 일본의 유전학자 기무라 모토木村資生가 주장한 **중립진화론**이다. 그 후 DNA 가운데 돌연변이의 상당 부분을 실질적으로 축적하기만 하고 선택의 기준이 될 만한 실마리는 제공하지 않는 부분이 있는가 하면, 미미한 변화일지라도 그것이 불리할 경우에는 선택을 통해 곧바로 제거하는 것을 가장 중요시하는 부분도 있다는 것이 관찰되었다. 진화 과정에서 발생하는 일부 변화는 유전자 부동과 같은 무작위적인 구성 요소와 자연 선택적인 구성 요소를 모두 가진다는 점에서, 오늘날의 중립진화론은 자연 선택설과 대비되는 것이 아닌 보완적인 이론으로 평가받고 있다.

학계에서는 갑작스러운 변화 없이 거의 지속적으로 진화가 진행되었다는 견해, 즉 **점진진화론**이 또 다른 쟁점이 되기도 했다. 신다윈주의자들은 개체의 생육력을 감소시킬 위험이 없는 소규모 돌연변이만을 중시했다. 그렇다면 이 모든 소소한 변화가 오랜 시간 어떻게 같은 방향으로 진행되어 중대한 변형을 이루었을까? 이러한 변화들은 각기 다른 방향으로 무작위로 진행된다고 알려져 있는데 말이다. 게다가 이 경우 종 간의 경계가 자연에서 관찰되는 것보다 더 명확하게 드러나는 이유는 무엇일까? 멘델의 법칙을 '재발견'한 학자 가운데 하나인 휘호 더프리스Hugo de Vries는 돌연변이가 의미 있는 변화를 가져올 수 있으며, 다윈이 주장한 엄격한 의미의 점진진화론보다 더 빠른 진화를 이끌어낼 수 있다고 생각했다.

1972년, 미국의 고생물학자 닐스 엘드리지Niles Eldredge와 스티븐 제이 굴드Stephen Jay Gould는 화석을 통해 이 문제에 접근했다. 화석은 한 방향으로의 연속적인 변이를 나타내는 경우가 많기 때문이다(연체동물의 껍데기 크기 증가를 예로 들 수 있다). 그러나 가끔 하나의 종이 갑자기 다른 종을 대체하는 것처럼 보이는 진화의 '단절성'이 관찰되어도 학자들은 줄곧 이 현상을 화석 자료의 '불완전성'으로 설명해왔다. 사실 화석은 개체의 작은 부분까지 나타내주는 자료지만 화석화라는 것 자체는 드문 현상이기 때문에 아주 작은 화석조차 남기지 못하고 사라진 종도 많았던 것이다. 닐스 엘드리지와 스티븐 제이 굴드는 당시 학계를 지배했던 점진진화론과 대치되는 **단속평형설**이라는 새로운 이론 모델을 제시했다. 이는, 화석 기록은 현실을 반영하는 것이며 이를 통해 진화의 단절성을 관찰할 수 있다는 인식에 기반을 둔 이론이다.

그들의 주장에 따르면 생존 조건이 그대로 유지된다면 그 종은 변하지 않거나 중간형의 주변을 맴돈다. 그러나 조건이 바뀌는 경우, 이 평형은 단시간(지질학적 의미의 단시간이다!) 동안 발생한 중요한 변화인 '단속'에 의해 갑작스럽게 단절된다. 때때로 이러한 현상은 종의 일부와 격리된, 제한된 개체군에 영향을 미친다. 이것이 바로 자연 선택이라는 게임에 유리한, 종의 역사에서 말하는 **개체군 병목 현상**이다. 이러한 조건들 때문에 화석화는 더욱 힘들어지고, 그만큼 화석 기록 가운데 중간형을 찾는 것이 더 어려워졌다. 점진진화론을 공격하기 위해 채택했던 이 이론 모델은 이제 보완적인 이론으로 남았다(이를 **단속점진주의**라 부른다).

논란의 중심이 된 적응주의

1980년대에 스티븐 제이 굴드와 생물학자 리처드 C. 르원틴Richard C. Lewontin이 **적응주의 프로그램**(이들이 동료에게 이 이론을 소개할 때 쓴 용어) 이론을 비판하면서부터 이에 대한 본격적인 논의가 불거졌다. 여기서 적응주의 프로그램이란 모든 유기체의 속성은 자연 선택에 의해 만들어진, 완벽한 적응의 결과물이라고 생각하는 경향을 의미한다. 이들은 자연 선택 행위에 제약이 될 수 있는 것, 예를 들어 조상으로부터 물려받은 유기체의 원초적인 구조와 같은 요소들을 강조했다. 주어진 해부학적 구조만으로 모든 것이 해결될 수는 없기 때문이다! 게다가 일부 속성들은 자신이 선택되지 않았음에도 불구하고 다른 기관이 적응하는 과정에서 영향을 받았을 수 있다. 종합적으로 살펴볼 때 자연 선택이 반드시 최적의 속성을 갖게 해주는 것이라고는 말할 수 없다. 왜냐하면 이 속성이라는 것이 때로는 모순적인 요구사항 가운데 타협점을 찾아 만들어진 결과물일 수도 있기 때문이다.

아무런 역할이 없음에도 불구하고 대부분 포유류 수컷의 유두가 지금까지 남아 있는 이유도 이 이론을 통해 설명이 가능하다. 배아 단계에서 모든 주요 기관이 자리 잡는 시기가 되면 유두는 남성과 여성 모두의 몸에서 발달한다. 배아에 성별 특징이 나타나기 시작할 때도 수컷의 유두는 사라지지 않는다. 어쩌면 이것이 전혀 거추장스럽지 않기 때문에 자연 선택의 고려 대상조차 되지 않는지도 모른다. 어떤 기관을 쓰지 않는다고 해서 그것이 사라지는 것은 아니다! 물론 소멸시키는 것보다 유지하는 데 더 큰 대가를 치러야 한다면(유두의 소멸은 발달 연보의 뿌리를 흔드는 재편성에 가까운 작업이다) 그 기관은 사라질 것이다.

오늘날까지 생존해 있는 5종의 코뿔소도 이 경우에 해당한다. 그 가운데 2종은 주둥이 위에 한 개의 뿔이 달린 일각코뿔소이고 나머지 3종은 이각코뿔소다. 과연 이것은 적응 방식의 차이에서 기인한 결과일까? 생물학자들은 지리적 기원(2종은 아시아에서 발견되었다)과 유연관계(수마트라의 이각코뿔소는 아프리카의 이각코뿔소보다 인도의 일각코뿔소와 더 유사한 형태를 보인다)를 분리해

《 남성의 퇴화된 유두가 설계된 기관이라는 사실은 인정할 수 없다. 그렇지 않으면 나는 정교회가 삼위일체 교리를 믿듯 말도 안 되는 방법으로 그 사실을 믿을 수밖에 없다. 》

찰스 다윈, 1861

서 보았다. 뿔을 포식자로부터의 방어 수단 혹은 수컷끼리의 경쟁 수단으로 사용하는 코뿔소들도 있지만 뿔 대신 치아를 사용하는 경우도 있기 때문에 뿔의 기능에는 이해되지 않는 측면이 있다. 한마디로, 두 번째 뿔의 용도는 수수께끼 같다! 어쩌면 적응 측면에서 이에 대한 설명을 찾는 것은 헛수고일지도 모른다.

이러한 적응주의의 한계는 1977년 프랑수아 자코브François Jacob

인도의 일각코뿔소와 아프리카의 이각코뿔소

가 제시한 **임기응변적 작업으로서 진화론**의 개념으로 귀결된다. "자연 선택은 기술자가 아니라 잡부가 작업하듯이 진행된다. 무엇을 만들지 모르지만 손에 집히는 대로 끈이나 나뭇조각 혹은 재료가 될 만한 낡은 종이 상자 같은 잡다한 것들을 모으는 잡부 말이다. 간단히 말해 (…) 오랜 시간에 걸쳐 천천히 자신의 작품을 다듬고 매만지다 여기저기 자르고 늘려 바로잡을 만한 모든 것을 손보고 바꾸어 새로운 것을 창조해내는 그런 잡부 말이다."

일반적으로 잡부는 어떤 목적을 가지고 일하지만 자연 선택은 그렇지 않다는 점에서 이 비유의 한계점이 드러난다. 그러나 이것은 새로운 용도가 생겼을 때 기관을 재사용하는 진화의 한 단면을 보여주는 것이기도 하다. '고전적인' 예로는 새의 깃털을 들 수 있는데, 이 기관은 공룡 시대에 등장한 것으로 각질비늘의 형태가 변해서 만들어졌다. 초기의 깃털은 약간 혹은 전혀 갈라지지 않은 가는 섬유였다. 이는 쥐라기 시대에 살았던 몸집 작은 공룡들의 뼈 주위에 있던 바위에 남은 흔적으로도 관찰할 수 있다. 이 공룡들이 추운 지역에서도 살았던 것으로 미루어, 이 섬유는 동물의 체온 조절을 담당했을 것으로 추정된다. 시간이 지나면서 이 섬유가 여러 가닥으로 갈라져 깃털이 되었는데 아마도 구애 행위를 할 때 장식으로 쓰였던 듯하다(이 마지막 가설에 대한 직접적인 증거는 없으나 조류의 깃털이 가진 용도로 미루어 짐작한 것이다). 그리고 몇백만 년이 지난 뒤에야 비행에 적합한 형태인 비대칭형 깃털이 생겨났다.

깃털은 공룡의 비행을 '위해' 탄생한 것이 아니라 진화로 인해 그 기능이 바뀌었거나 본래 기능에 뒤늦게 새로운 기능이 추가된 것이다. 이러한 현상을 **전적응**이라 부르는데, 이 용어는 이미 깃털의 궁극적인 기능인 비행을 예상하고 진화되었다는 의미로 해석할 수 있기 때문에 뜻이 좀 모호하다. 그런 이유로 스티븐 제이 굴드는 이를 **굴절적응**이라는 용어로 대체할 것을 제안했다.

계통수

이 문제에서 약간 망설이긴 했지만, 다윈은 모든 생물이 하나의 공통 조상에게서 내려왔을 것으로 추측했다. 따라서 그는 유연관계에 따라 동식물을 분류해야 하며 이는 단순한 유사성만이 아니라 그 기원에 따라 모든 종을 나타낼 수 있는 '나무'로 표현할 수 있다고 주장했다. 『종의 기원』이 출간되고 얼마 안 되었을 때 독일의 생물학자 에른스트 헤켈은 살아 있는 종의 '계보', 즉 진화상의 유연관계를 축소시켜 보여주는 나무를 제시했다. 물론 당시 시대적 분위기의 영향으로 이 계통수 속의 인간은 창조자가 빠진 나무의 최상단, 즉 진화의 정상에 위치해 있었다.

이 계통수는 해부학을 기초로 생물의 유연관계를 재구성한 것으로, 호랑이와 사자가 닮았으니 공통 조상을 가졌을 거라고 판단하거

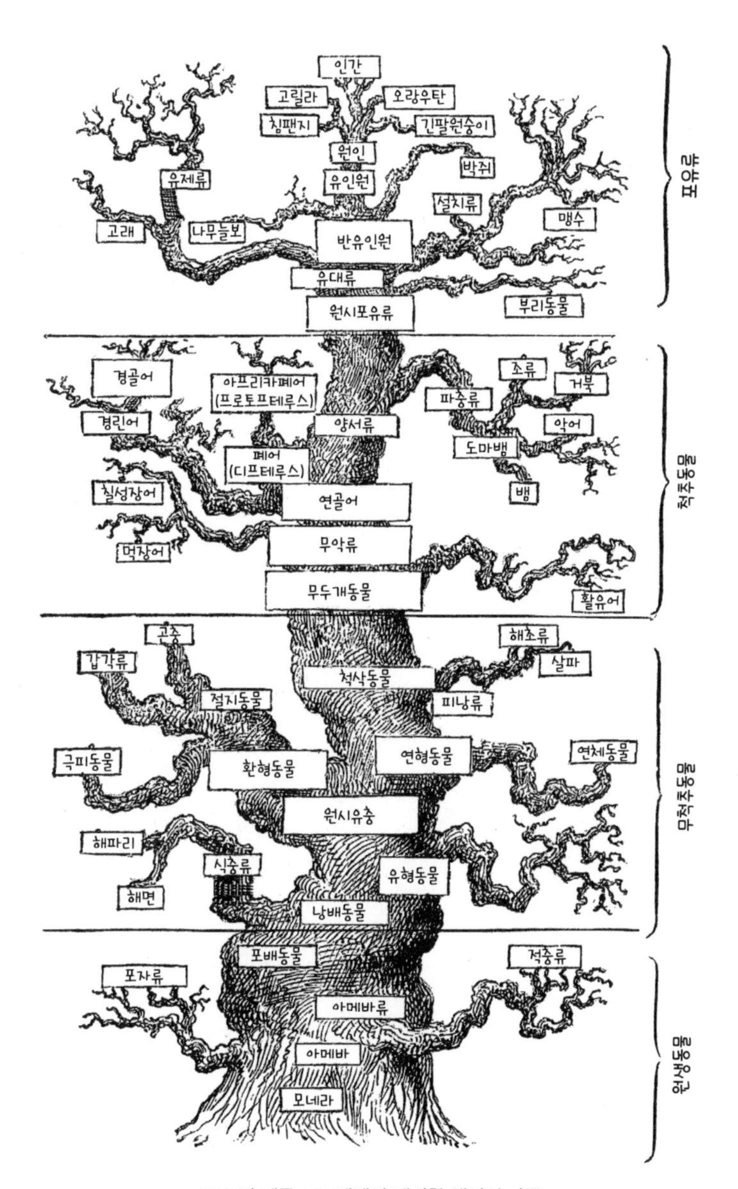

1874년 에른스트 헤켈이 제시한 생명의 나무

시조새와 프로콘술의 재해석

나 조류와 포유류가 동일한 구조의 골격을 가지고 있기 때문에 위로 거슬러 올라가면 아주 먼 옛날에는 공통 조상을 가졌을 거라고 추측하는 식으로 만들어진다. 여기서 말하는 조상은 화석에서 찾을 수 있다. 이 맥락에서 보면 새들의 조상은 시조새, 호미니드의 조상은 프로콘술proconsul이라고 볼 수 있다.

이러한 방식으로 구성된 계통수에는 여러 결점이 있었다. 일반적으로 동물학자 개인의 확신에 의존해 계통의 분류가 이루어졌는데, 그들은 생물이 가진 모든 속성 가운데 자신의 가설을 뒷받침해 줄 수 있는 것만 골랐기 때문이다. 다른 속성에 중점을 두었다면 분류가 달라질 수도 있기 때문에 어떤 분류도 직접 따져보지 않고는 단언할 수 없다. 이 때문에 레서판다*Ailurus fulgens*가 곰(곰속 동물에 속하는)으로 분류되기도 하고, 아메리카너구리과에 속하는 너구리의 근연종으로 분류되기도 했다(83쪽 참조).

레서판다

20세기에는 계통수 작성에 대한 열띤 토론이 벌어지기도 했는데, 1966년에 독일의 곤충학자 빌리 헤니히Willi Hennig가 정확하면서도 검증 가능한 새로운 방식을 제안했다. 그것은 유사성이 아니라 공통 조상으로부터 물려받은 진화적 독창성에만 의존해 근연종끼리 분류하는 것으로, 파생 형질(혹은 원거리 형질)이라 불리는 새로운 형질이 나타날 경우 계통수에 새로운 가지를 만드는 식으로 진행되었다. 원숭이와 여우원숭이류를 포함한 영장류는 발톱을 대체한 손톱의 유무 혹은 다른 손가락에 대항할 수 있는 엄지손가락의 유무에 따라 구별된다. 이 분류군에서는 이마에 있는 두 개의 두개골 뼈 전면이 붙어 있는지 여부에 따라 진원류와 진짜 원숭이를 구분한다.

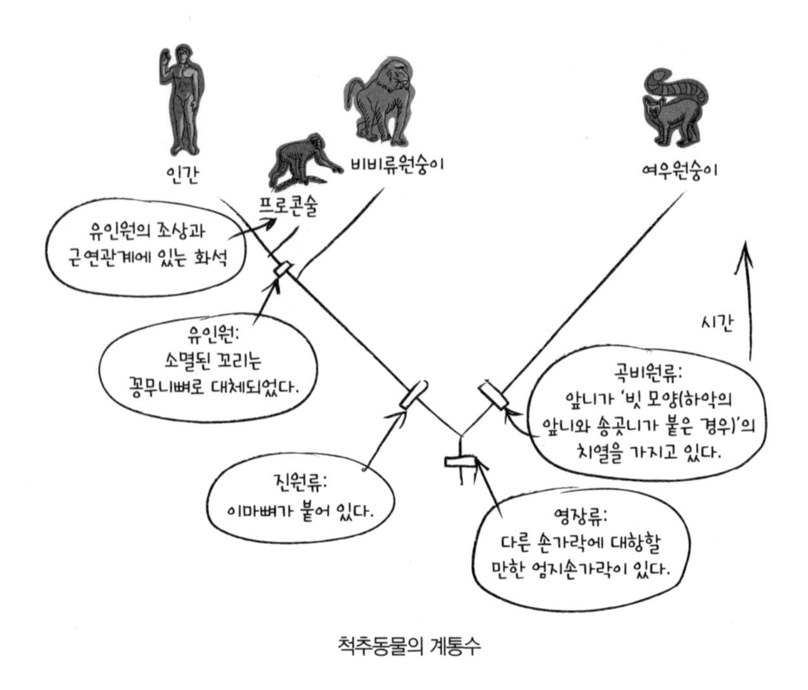

척추동물의 계통수

이렇게 현재의 계통수는 계통학이 아닌 유연관계에 바탕을 두고 있다. 종 간의 실제 계통 관계는 실질적으로 입증이 불가능하기 때문에 조상의 위치에 있는 화석들은 고려하지 않고 종 간의 유연관계(근연종)만 보여주는 것이다. 이 '분기학적 분류' 방식은 이제 전 세계 생물학자들이 사용하는 규정이 되었다.

어류와 파충류의 소멸

우리는 일반적으로 비늘과 지느러미가 달린, 물속에 사는 내골격 동물을 **어류**라고 생각한다. 18세기에 칼 폰 린네Carl von Linné가 어류라는 동물학적 분류군을 이렇게 정의했기 때문이다. 그러나 실러캔스Coelacanth와 같은 일부 종은 매우 독특한 형질을 지닌다. 대부분의 어류종처럼 얇은 뼈대로 지느러미를 지탱하는 것이 아니라 네 발 달린 육지동물처럼 근육에 의해 움직이는 뼈로 떠받치는 것이다. 화석 기록상 남아 있는 사지를 가진 최초의 '어류'는 3억 8,000만 년 전에 출현했다. 그 가운데 하나가 모든 육상 척추동물 혹은 4족류, 즉 양서류, 파충류, 조류, 포유류(이 가운데 일부는 부차적으로 수상생활 방식을 되찾았지만)의 기원이 되었다. 육상 척추동물이 가지고 있는 진화적 독창성을 공유하는 실러캔스는 육기어류('강력한 지느러미를 가진 어류'라는 뜻) 분기군으로 분류되어야 한다.

따라서 현대의 동물학자에게 실러캔스는 단순한 어류가 아니라 육기어류인 것이다. 게다가 동물학적 분류군에는 어류가 존재하지 않는다. 계통 분류의 원리에 따르면 하나의 분기군은 공통 조상을 가져야 하고 그 조상으로부터 내려온 자손들로 이루어져야 한다. 따라서 물고기의 공통 조상은 실러캔스와 사족동물인 것이다. (동물학적 의미의) 어류가 존재한다면 우리는 어류다! 물론 생태학적으로 실러캔스는 여전히 어류에 속한다. 요리에서는 채소로 쓰이지만 식물학자들에게는 과일로 여겨지는 토마토와 같은 경우라고 볼 수 있다.

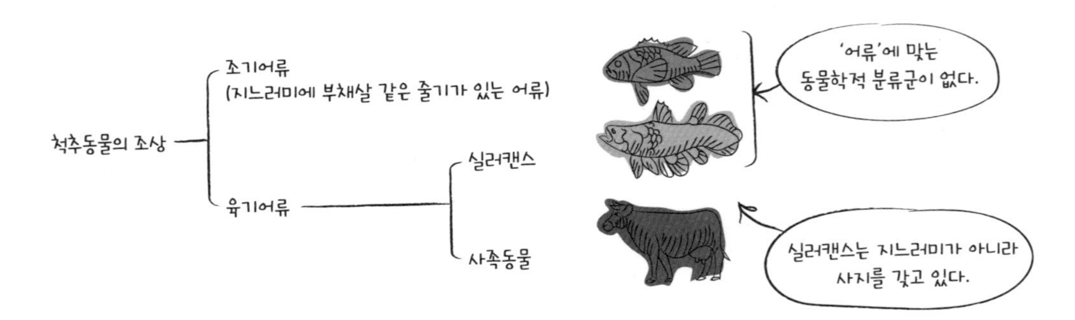
척추동물의 조상
조기어류
(지느러미에 부채살 같은 줄기가 있는 어류)
육기어류
실러캔스
사족동물
'어류'에 맞는
동물학적 분류군이 없다.
실러캔스는 지느러미가 아니라
사지를 갖고 있다.

어류의 계통수

파충류도 이 같은 운명을 갖고 있다. 예전에는 파충류에 거북, 뱀, 도마뱀, 악어, 그리고 그들의 골격과 비늘 피부를 가진 또 다른 분류군의 동물, 심지어 공룡도 포함되었다. 그러나 일부 공룡은 조류라는 조금 다른 분류군을 탄생시켰다. 따라서 계통 분류에 따르면 조류는 공룡으로부터 나온 것이다. 그 결과, 파충류의 이전 분류군에서 조류를 포함시키거나 없애야 했다. 오늘날 우리는 거북목(거북), 인룡상목(도마뱀, 뱀), 악어목(악어)을 모두 구분하기 때문에 파충류는 이제 더 이상 동일한 동물학적 분류군을 구성하지 않는다. 조류의 경우에는 공룡이라는 공통 조상에게서 나온 자손이라는 이유로 이 분류군에서 사라지지 않았다. 이 분류군은 진화적 측면에서의 계보와 양립되는 셈이다!

지질학적 혁명

다윈은 진화의 역사를 통해 현재의 종 분화에 대해 설명하려 했는데, 특히 남아메리카에 서식하는 종들에 큰 관심을 보였다. "사람들이 농담처럼 내게 물을지도 모르겠습니다. 나무늘보, 아르마딜로, 개미핥기를 메가테리움, 그리고 남아메리카에 서식했던 거대한 몸집의 근연종 괴물의 퇴화된 자손이라고 생각하는지 말입니다. 이런 질문을 받을 때면 곤란합니다. 이 거대한 동물들은 지금 절멸된 상태이고, 자손도 남아 있지 않기 때문입니다. 그러나 브라질의 동굴

메가테리움

에서 발견된 여러 종의 화석을 보면 그 크기와 다른 모든 형질이 현재 남아메리카에 서식하는 종과 매우 유사하다는 것을 알 수 있습니다. 그 가운데 몇몇은 현생 종의 실제 조상일 수도 있습니다."

전 세계적으로 볼 때 이 여러 종의 화석은 지리적으로 안정된 상태에 있었다. 현재의 대륙들은 내부 압력과 해수면 높이의 변화에 의해서만 영향을 받아 산맥이 형성된 것이기 때문이다. 아메리카나 호주에 형성된 군락을 통해 오늘날에는 분리되어 있는 대륙들이 예전에는 '다리'로 이어져 있었음을 설명할 수 있다. 물론 날거나 헤엄쳐서 혹은 꺾인 나뭇가지들을 뗏목처럼 타고 바다를 건넌 종들이 있었을 수도 있다. 그러나 1960년대 부터 판 구조론은 생물지리학에 완전히 새로운 기반을 제시해주었다. 예전에는 하나였던 대륙이 부분적으로 녹아버린 지구 맨틀 기저의 움직임에 의해 분리되었다는 사실이 명백히 밝혀졌기 때문이다. 판 구조론 덕분에 일부 종의 개체군이 분리되고, 그 후 각자의 방향대로 진화한 이유를 알게 된 셈이다.

《 진정한 분류란 결국 계통에 의한 것이며, 박물학자들이 무의식적으로 추구해온 숨겨진 유연관계란 동일한 계보를 가진 집단을 의미하는 것이다. 》

찰스 다윈, 1859

다윈은 찰스 라이엘이 묘사한 지질학적 메커니즘처럼 진화 또한 인식하기 힘들 정도의 점진적 속도로 진행된다고 주장했다. 그러나 1980년에는 미국의 물리학자 루이스 앨버레즈Luis Alvarez가 지질학자, 화학자 들과 함께 동물 화석이 갑자기 다른 종으로 교체된 현상의 원인을 반진화론자들이 원용했던 '재앙'과 연결시켜 눈길을 끌기도 했다. 루이스 앨버레즈는 수많은 지질학적 논의를 토대로 6,600만 년 전 소행성이 지구에 충돌하면서 공룡과 수중서식 파충류, 암모나이트 등 다수의 종이 멸종했음을 보여주었다. 오늘날까지 지질학자들 사이에서는 이 충돌의 중대함과 동시대에 발생한 화산 폭발의 피해 여파에 대한 논의가 이어지고 있지만, 결과적으로 이것은 진화의 방향을 완전히 바꿔놓을 만큼 생태계를 송두리째 뒤집어 놓은 사건이 되었다. 사실상 공룡들은 몇백만 년 만에 포유류에게 자리를 내주었기 때문이다. 그때까지만 해도 이 대형 파충류가 점유하고 있던 모든 서식지를 이제 포유류가 차지하게 되었다.

갑작스러운 대재앙이 진화의 기존 흐름을 바꾸어놓은 것이다. 지구 전체가 몇 년 동안 희미한 빛에 둘러싸이면서 식물들은 죽어갔고, 초식동물과 그 포식자들도 자취를 감추었다. 확실한 것은 이 사건을 계기로 종들은 자연 선택과 돌연변이에 의한 점진적 방식의, 느린 속도의 적응을 할 수 없게 되었다는 사실이다. 여기서 생존한 종들은 재난의 영향을 덜 받는 형질을 가진, 좋은 자원을 많이 가진 종이었을 것이다. 느려진 삶에 적응하는 능력이라든가 동물의 사체 혹은 식물 잔해를 먹이로 삼을 수 있는 능력 같은 것 말이다. 동면에 유리한 몸집이 작은 포유류나 악어들이 생존한 것도 같은 이유라고 할 수 있다. 그러나 일부 종의 생존이나 멸종에는 분명 우연도 작용했을 것이다.

4장

분자 혁명

DNA 구조가 발견되면서 신다윈주의에 문제를 제기하는 이들이 생겨났다. 자연 선택이 진화의 큰 축이라는 사실에는 변함이 없었지만 그때부터 진화는 다양한 형태로 나타났다.

20세기 전반에 19세기의 다윈주의와 유전학이 합쳐진 **종합진화설**이 탄생했다. 그리고 곧 **분자생물학**이라는 새로운 학문이 생겨나면서 이 이론은 획기적으로 발전했다. DNA 분자 구조의 발견과 분자라는 강력한 도구에 초점을 맞춤으로써 두 가지 효과를 얻을 수 있었던 것이다. 하나는 돌연변이의 내부 메커니즘과 그 효과에 접근할 수 있어 새로운 시각에서 이론을 깊이 연구할 수 있다는 점이고, 또 하나는 진화에 영향을 미치기 쉬운 새로운 과정들을 탐색해볼 수 있다는 점이었다.

게임 마스터, 유전자

1953년, 생물학자인 제임스 왓슨James D. Watson과 프랜시스 크릭Francis Crick은 『네이처』지에 게재한 논문에서 **디옥시리보 핵산**DNA의 구조(그 유명한 이중 나선구조)를 설명하고, 이 구조를 세포 안에 들어 있는 고유 형질과 연관 지었다. 이 발견 덕분에 이들은 1962년 노벨 생리의학상을 수상했으며, 이 상은 물리학자인 모리스 윌킨스Maurice Wilkins에게도 돌아갔다. 화학자 로절린드 프랭클린Rosalind Franklin은 이 연구에서 중요한 역할을 담당했음에도 1958년에 사망함으로써 동료들과 나란히 이름을 올리지 못했다.

염색체, 유전자, DNA

DNA는 A, T, G, C(아데닌, 티민, 구아닌, 사이토신이라는 염기로 구성되어 있어 앞글자를 딴 것이다)로 대변되는 4개의 뉴클레오티드가 사슬처럼 정확히 연결(예를 들어 A-T-G-G-T-C-A-G-A-T-C-C-A 등)된 것으로, 길게 연결된 선형 구조의 분자이다.
인간의 DNA는 33억 개의 뉴클레오티드로 구성되어 있으며 이 서열은 23쌍의 염색체, 즉 46개의 조각으로 나뉜다. 현미경으로 살펴보면 세포가 분리되었을 때는 염색체들이 작은 막대 모양이 되지만 세포핵 속에서는 둥글게 감긴 긴 섬유 형태로 보인다. 인

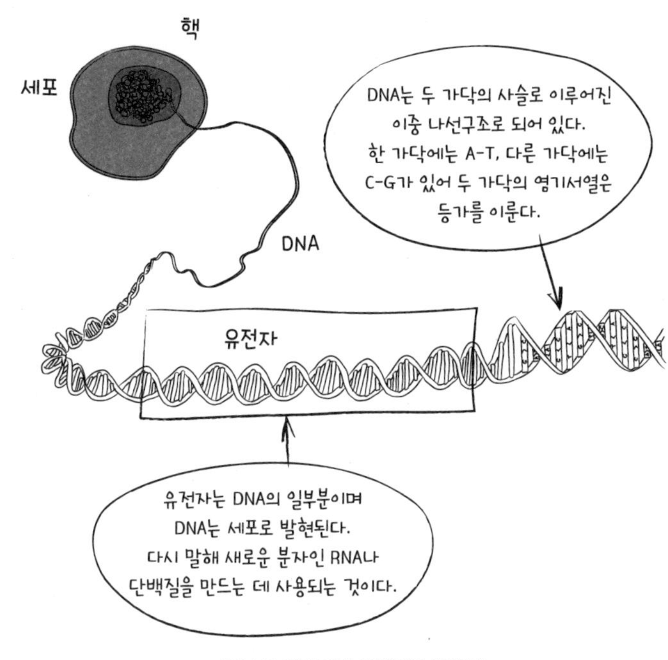

DNA로 이루어진 유전자와 염색체

간의 경우는 세포 1개의 DNA 길이가 2미터가량 된다!

염기서열, 즉 뉴클레오티드의 순서는 세포에 의해 '읽힐' 수 있다. 이는 세포가 해독할 수 있는 네 글자의 알파벳과도 같다. DNA의 일부는 세포에 의해 발현되는데, 세포는 자신이 읽은 정보에 따라 새로운 분자(RNA나 단백질)를 결합한다.

분자의 생성으로 인해 '발현되기' 쉬운 부분을 유전자라고 하는데, 인간의 경우 약 2만 개의 유전자를 가지고 있다. 그러나 모든 유전자가 어디에서나 발현되는 것은 아니다. 기관 안에서 각각의 세포가 갖는 역할에 따라, 즉 세포가 처한 환경에 따라 발현 여부가 결정된다.

발현되지 않는 DNA의 나머지 부분, 그 분자의 대부분은 유전자 읽기에 대한 조절 메커니즘과 세포에 의한 발현 과정에서 핵심적인 역할을 담당한다. 그 가운데 절반 정도는 반복적인 염기서열을 갖는다. 또한 유전자와 유사한 염기서열을 갖지만 실질적인 역할을 하지 못하는 몇천 개의 '가짜 유전자'도 있다.

돌연변이란 화학물질이나 방사능에 의해 DNA의 염기서열에 다소 중대한 변화가 생긴 것을 의미한다. 돌연변이는 단일 뉴클레오티드에 영향(SNP 혹은 SNIPS, **단일 뉴클레오티드 다형성**)을 줄 수 있는데, ATC가 GTC로 변하는 것도 여기에 해당한다. 그러나 이는 몇천 개의 뉴클레오티드를 가진 염색체의 일부를 복합적으로 재편성하는 것에 지나지 않는 경우가 많다.

DNA의 염기서열을 결정하는 것은 그것을 이루고 있는 뉴클레오티드의 사슬 순서를 정한다는 뜻이다. 2010년대 들어서면서부터 염기서열을 결정하는 작업은 비용이나 속도 면에서 효율적인, 실험실의 일상 업무가 되어버렸다. 게놈, 즉 동식물, 박테리아종이 가지는 유전자의 총합에 대해 알게 되면서, 오늘날에는 종 간의 게놈 비교가 해부학적 비교보다 더 쉬워졌다!

생물학자들에 의해 세포가 DNA를 이용해 필요한 단백질을 합성한다는 사실이 조금씩 밝혀지고 있다. 이는 모든 생물에게서 DNA가 같은 방식으로 발현된다는 것, 즉 유전자 코드가 '보편적'이라는 사실을 확인한 것이다! 그 결과 인간의 유전자를 박테리아에 옮겨 넣고 인슐린과 같이 인체에서 생성되는 단백질을 만들어내는 등의 '유전자 주입'을 할 수 있게 되었다. 사실상 모든 생물의 DNA가 동일한 구조를 갖고 동일하게 작용한다는 이런 보편성은 이들이 공통 조상으로부터 형질을 물려받았을 것이라는 논리적 추론을 가능케 한다. 이것은 진정세균과 고세균, 식물, 균류, 동물을 비롯한 모든 생물이 공통 조상에게서 기원했다는 뜻이기도 하다. 다윈이 이미 주장한 내용이긴 하지만, 이 가설을 통해 오늘날 생물학자들은 강력한 논거를 제시할 수 있게 된 것이다.

우리는 모두 LUCALast universal common ancestor라 불리는 모든 생물의 공통 조상으로부터 DNA와 그 기능을 물려받았다. 물론 이에 대한 화석 증거가 발견되지 않는 한, 이것은 현실보다 이론에 가까운 존재로 남을 것이다.

결과적으로 DNA의 염기서열을 다르게 배열하면 종의 신체적, 해부학적 형질이 아니라 게놈을 기반으로 한 새로운 계통을 만들 수 있다. DNA의 염기서열에 따라 그것을 분석하기 위한 알고리즘은 수정되어야 한다. 이 수학적 작업을 해석하는 것이 쉽지는 않지만 여기에 적

《 지구상에 존재했던 혹은 현존하는 모든 유기체는 하나의 원시적 형태로부터 기인했을 가능성이 있다. 》

찰스 다윈, 1859

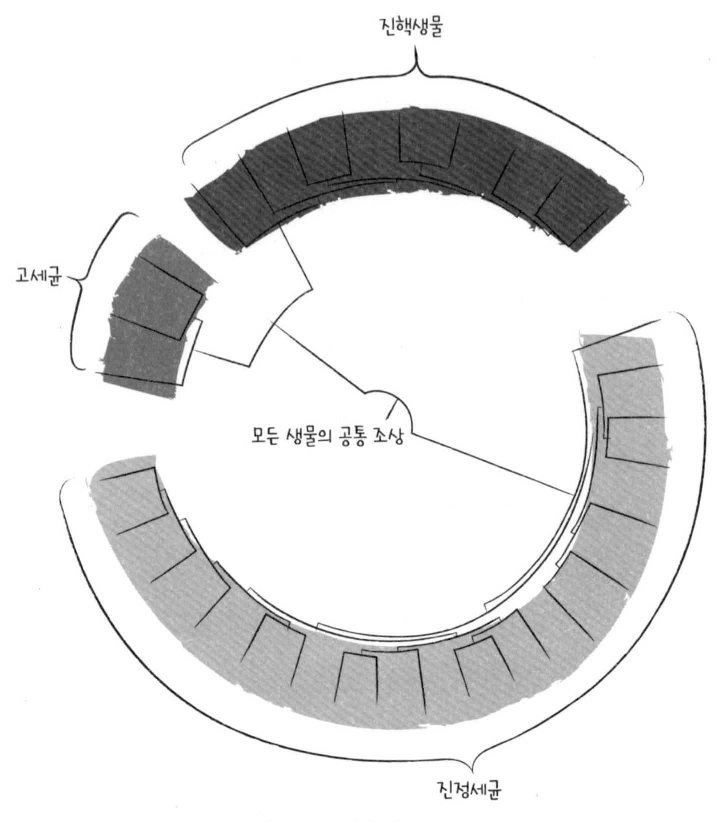

게놈에서 출발한 생물 계통수

용된 방식이 알려져 있기 때문에 그것에 대한 논의나 수정은 가능하다. 여러 종에 들어 있는 이 분자를 비교해보면 종에 따라 어느 정도 차이가 있는지 판단할 수 있고 분자 수준에서 보면 진화의 경로를 재구성할 수 있다. 이를 통해 **분자 계통수**(이것 역시 계통 발생학적 방법을 따른다)도 작성할 수 있다. 이 계통수가 본질적으로 해부학에 기초한 계통수보다 높은 신뢰도를 가지는 것은 아니지만 기존 계통수의 모호함을 일부 해결해주는 면은 있다. 레서판다의 동족 관계와 관련된 부분도 이를 통해 밝혀냈다. DNA 분석을 통해 레서판다가 곰보다는 너구리에 가깝지만 이 두 부류와 동떨어진 특징을 보인다는 점에서 제3의 부류, 즉 레서판다과(현재는 이 과에 속하는 동물이 레서판다뿐이다)로 분류하게 되었다.

여러 종의 DNA를 비교함으로써 이 이론을 다른 부분에 적용할 수도 있게 되었다. 두 종의 생물이 갖는 DNA의 격차는 대체로 종이 공통 조상으로부터 진화해온 시간에 비례한다. 적어도 자연 선택의 영향을 받지 않는 분자의 일부분에 한해서 말이다. 이들의 DNA가 많이 닮았다면 이것은 그들의 공통 조상이 얼마 전(지질학적 의미의 '얼마 전'이라는 뜻이다)까지 살아 있었다는 의미이다. 반대로 그들의 DNA가 많이 다르다면 그것은 공통 조상이 아주 오래전에 사라졌다는 의미이다. 화석을 이용하면 이 공통 조상의 생존 시기를 다소 정확하게 추정할 수 있는 경우가 종종 발생한다. 이 공통 조상의 정확한 정체에 대해서는 확실히 알 수 없지만 지구사의 어느 시대에 존재했는지 정도는 파악할 수 있다.

이러한 정보를 통해 DNA의 변화 속도도 추정할 수 있는데, 이는 몇백만 년을 기준으로 했을 때 돌연변이가 발생하는 횟수 등으로 나타낼 수 있다. 만약 그 기간의 돌연변이 발생률이 일정하게 유지되었다면 그것을 바탕으로 여러 종의 출현 시기를 추론할 수 있는 것이다.

이 분자시계에 따르면 인간과 침팬지의 공통 조상은 600~800만 년 전에 살았으며 이 시기는 '사헬란트로푸스 차덴시스(투마이라고 불린다)'처럼 잘 알려진 아프리카의 가장 오래된 이족보행 유인원의 나이와 일치한다. 사실상 이 분자시계는 시대에 따라 변하고, 특히 동물학적 분류군에 따라 달라지지만 한번 측정되면 고생물학적 자료들과 함께 사용했을 때 매우 유용한 정보를 얻을 수 있다.

적응 방산

적응 방산이란 방사능에 면역이 생겼다는 뜻이 아니다! 공통 조상으로부터 기원한 근연종 군, 즉 동일한 주변 자원을 공유하는 종들이 신속하게 출현한 것을 의미한다. 물론 이는 주변 자원이 많이 이용되지 않은 경우, 예를 들어 바다에 솟아오른 화산섬 위에 소규모 동물군이 자리 잡은 경우, 혹은 지구 전체적인 차원에서 대량 절멸한 경우에 발생하기 쉽다. 새에게 생긴 깃털과 날개처럼 진화를 통해 주변 환경을 개척할 새로운 가능성을 얻는 경우도 있다. 적응 방산은 지금과 같은 풍부한 생물 다양성을 이룬 요인 가운데 하나라고 할 수 있다.

다윈이 제시한 모든 예시 가운데 가장 잘 알려진 것은 갈라파고스 제도의 핀치새들이다. 이 종들은 매우 유사하지만 명백히 구분된다. "갈라파고스 제도 내에 서식하던 기존 새들이 많지 않았던 것으로 미루어볼 때, 서로 매우 유사한 소규모 분류군의 새들이 이렇게 점진적으로 변화하면서 다양한 형태를 가질 수 있었던 것은 하나의 종이 서로 다른 목적에 도달하기 위해 분화된 것이라고 할 수 있다." 이는 다윈이 자신의 이론을 구상하기 훨씬 전인 1839년에 작성한 것이기 때문에 여전히 모호한 부분이 있긴 하다. 하지만 그 당시 이미 하나의 공통 조상에게서 서로 다른 종이 형성되었다는 개념을 가지고 있었던 것으로 보인다.

이 핀치새들의 조상은 오늘날 남아메리카 대륙의 작은 연작류인

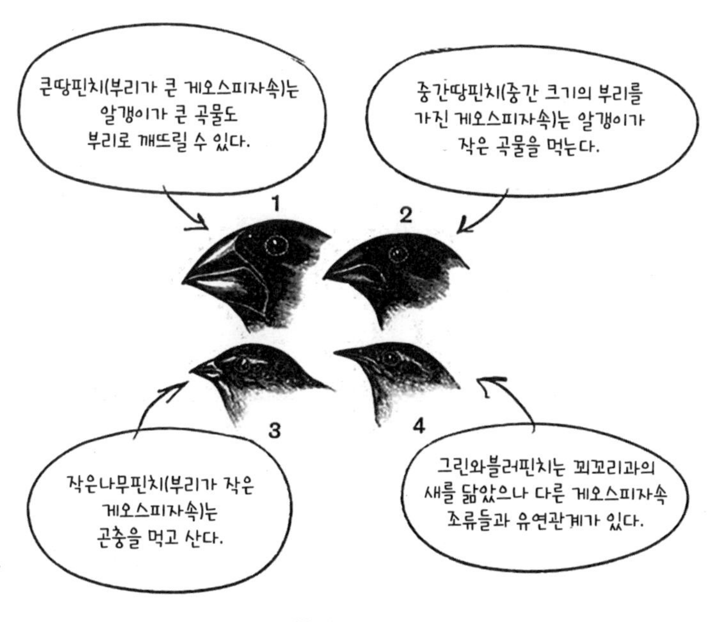

다윈의 핀치새들

티아리스 옵스쿠루스*Tiaris obscurus*와 유사한 것으로 보인다. 그 가운데 일부 개체는 약 200만 년 전 갈라파고스 제도에 온 것이다. 알려진 13종의 핀치새(또는 게오스피자속)는 몸집의 크기와 깃털, 부리의 크기, 먹이에 따라 나뉜다. 이 종들의 유연관계는 새에 대한 해부학적 연구와 동시에 DNA 분석을 통해 명확히 밝혀졌다.

30년간 피터와 로즈메리 그랜트Peter and Rosemary Grant 부부가 갈라파고스 제도의 한 섬에서 진행한 연구를 통해 주변 조건이 새의 부리 크기에 얼마나 빠른 속도로 영향을 주는지 밝혀냈다. 가뭄 때문에 많은 식물이 고사하면서 종자가 큰 식물들, 즉 더 강인한 개체들만 남고, 약 85%에 달하는 핀치새가 아사했다. 그러나 생존한 개체군의 평균 부리 크기는 기존 개체군의 부리보다 더 컸다. 다시 말해 자연 선택이 부리가 작아 섭식할 수 없는 개체들만 없애는 데 주효한 역할을 한 셈이다. 부리의 크기는 턱을 구성하는 데 중요한 역할을 하는 유전자의 영향을 받는데, 이 때문에 성장하면서 턱의 기능이 더 발달하는 것이다. 이 유전자가 조금 더 빨리 개입했다면 개체의 부리는 더 컸을 것이다. 삶의 조건이 변할 경우에는 이러한 시간적 차이가 개체의 생존에 영향을 미칠 수 있다. 적응 방산의 대표적인 예로 다윈의 핀치새 이야기가 잘 알려진 것은 바로 이런 연유에서다.

아프리카의 큰 호수와 같은 환경에서도 종의 분화가 빨리 이루어진 예가 관찰된다. 이 호수들은 모두 틸라피아, 즉 시클리드속 물고기들이 군계를 이루며 점령하고 있었다. 빅토리아 호수의 경우에

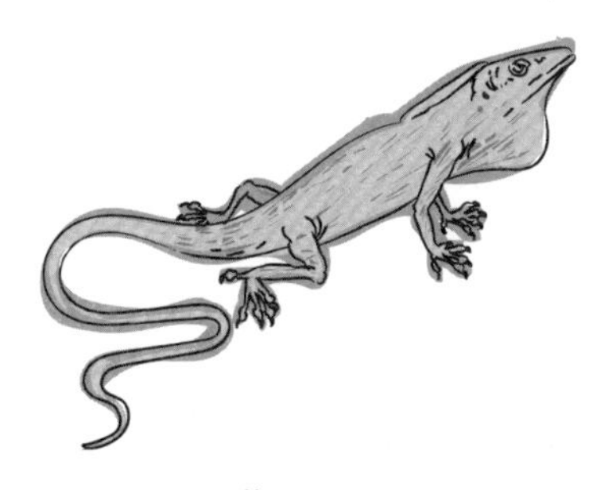

아놀도마뱀속

는 단일 종으로부터 500개 이상의 종이 분화되는 데 1만 5,000년도 걸리지 않았다! 연구에서 자주 다룬 또 다른 예로는 카리브 제도의 도마뱀인 아놀도마뱀속*Anolis*을 들 수 있다. 이 도마뱀들(사실은 이구아나에 더 가깝다)은 곤충을 주식으로 하며 가끔 열매를 먹기도 하는데, 알려진 400종 가운데 150종이 서인도 제도에서 서식하고 있다.

연구 결과, 섬에 사는 모든 도마뱀종은 수천만 년 전 대륙에서 이 제도로 온 2종의 도마뱀 자손이었다. 이들은 섬 사이를 가르는 해협을 건너와 섬을 모두 점령한 다음 습하거나 화창한 기후에 적응했고, 그 과정에서 나무의 여러 위치에서 서식하는 다소 몸집이 큰 새로운 종이 탄생한 것이다. 이렇게 주어진 환경을 최대한 이용하되 종 간 경쟁은 줄이는 방법을 찾다보니 서로 다른 '생태적 지위'를 차지하게 된 것이다.

붉은 여왕과 궁정 광대

루이스 캐럴Lewis Carroll이 쓴 『거울 나라의 앨리스』(『이상한 나라의 앨리스』의 속편)에 나오는 붉은 여왕(하트 퀸)은 여주인공에게 "제자리에 있고 싶으면 죽어라 뛰어야 돼!"라고 말한다. 왜냐하면 등장인물들의 주변 세계가 빠른 속도로 움직이기 때문이다.

생물학자들에게 이 에피소드는 **공진화**의 일부 형태를 나타내는 비유적 예시로 사용된다. 공진화란 다른 종과 연관되어 진화가 발생하는 것으로, 포식자와 피식자 혹은 기생충과 숙주의 관계에서 벌어지는 진화가 여기에 해당한다. 이러한 '관계' 속에서 희생자가 진화해 좀 더 효과적으로 자신을 방어하면 동시에 기생충이나 포식자는 더 발달된 형태로 응수한다. 앨리스와 붉은 여왕처럼 이 종들도 '상대방'의 진화에 대응해 끊임없이 진화해야 하는데, 이를 군사적 차원에서 보면 '군비 경쟁' 형태로 방어에 점점 더 많은 자원을 쏟아붓는 것과 유사한 경우라고 할 수 있다.

물리적인 환경 조건(기후, 화산활동, 수면 높이 변화 등)이 종의 진화 과정에서 일어난 현상들보다 더 중요하다고 주장하는 연구자들은 여러 시대에 걸쳐 대량 멸종을 야기한 사건들과 그로 인한 대규모 종 분화 시대의 의미를 부각시킨다. 이러한 가설을 **궁정광대론**Court Jester이라 부르는데, 이 용어는 환경에 대한 예측 불가능성을 나타낸다. 일부 고생물학자에 의하면 첫 번째 가설은 종에 적용하는 것이고, 두 번째 가설은 속이나 과와 같은 동물학적 분류군 전체에 적용될 수 있기 때문에 이 두 가설은 서로 보완될 수 있다.

사실상 진화는 유전자, 개체, 종 혹은 분류군과 같은 서로 다른 생물학적 지위에 따라 각기 다른 방식으로 진행되어온 것으로 보인다. 동일한 자원에 대한 경쟁만 고려한 것이긴 하지만, 두 종 간의 관계 혹은 유연관계에 있는 두 개체에 적용되는 메커니즘이 반드시 같은 것은 아니다. 따라서 우리는 동일 종의 수컷과 암컷의 관계에도 주목할 필요가 있다. 사실상 다른 개체에 비해 일부 개체의 자손에게만 유리하게 작용되는 자연 선택이 성별 간에서도 관찰된다.

대부분 동물종에서는 수컷의 정자 생산량이 암컷의 난모세포 생산량보다 많다. 더 많은 난모세포를 수정시킬 수 있는 수컷은 적게 수정시키는 수컷에 비해 더 유리한 것이다. 그러나 암컷의 경우에는 생산된 난자의 품질과 수컷 선택이 경쟁에서 우위를 차지할 수 있는 요인이 되기 때문에 수컷과 암컷의 전략은 서로 상반된다. 여기서 우리는 공진화의 개념을 찾을 수 있다. 그것도 종의 한가운데서!

자손을 갖기 위해 수컷과 암컷, 두 부모가 필요하다는 사실에는 이견이 없을 것이다. 그러나 자웅성의 본질적인 존재 이유는 모호하다. 왜냐하면 이것은 세포 차원에서나 동물의 행동 차원에서나 매우 복잡한 메커니즘이기 때문이다. 생물들의 세계에서 이루어지는 유성생식은 엄청난 대가가 따른다! 일부 생물학자는 유성생식이 가져다줄 유전적 다양성, 즉 기생충(동물종의 반 이상을 차지한다!)에게 대항하는 데 필수적 요소인 다양성이라는 장점으로 인해 앞에서 말한 엄청난 대가가 상쇄된다고 설명한다. 여기서도 붉은 여왕의 이론이 적용되는 것이다!

분자의 진화

어쩌면 우리는 DNA를 통해 진화의 근간을 건드리고 있는지도 모른다. 그리고 진화론자들은 이제 진정한 연구 대상은 개체가 아니라 유전자라고 생각하기에 이르렀다.

이것이 바로 1976년 출판된 『이기적 유전자The Selfish Gene』를 통해 영국 생물학자인 리처드 도킨스Richard Dawkins가 주장한 내용이다. "우리는 유전자라 불리는 이기적 분자를 보존하기 위해 프로그램대로 움직이는 로봇이자 생존 기계다." 다시 말하면 생물들은 유전자에 의해 생식에 유리하도록 조종되는 도구인 것이다. '위해'라는 단어가 유전자의 '의지'를 뜻한다고 생각해서는 안 된다. 자연 선택은 그들의 번식에 가장 효과적인 기계를 가진 유전자에게만 혜택을 줄 것이다. 어떤 개체들이 생존하고 번식하는지가 아니라 어떤 유전자가 다음 세대로 이어지는지 알아내야 하는 것이다.

이러한 환원주의적 시각이 맹렬하게 비판받은 이유는 선택이라는 것이 유전자가 아니라 실질적으로는 개체에 작용한다는 사실 때문이다. 따라서 하나의 개체는 게놈 전체가 발현된 것이며, 모든 유전자는 다른 유전자들과 영향을 주고받으며 일종의 분자 차원의 경쟁을 하고 있다는 것이다. 그러나 진화에 대한 이러한 사고방식이 '혈연 선택'과 같은 분야에서 흥미로운 결과를 가져오기도 했다. 개미들의 경우를 생각해보면, 자손에게 자신의 유전자를 전달할 수 있다는 일말의 희망조차 없는 개미들이 여왕개미나 개밋둑에 신경 쓰는 이유가 언뜻 이해되지 않는 경우가 있다. 번식을 담당하는 유일한 개체는 '여왕개미'인데 말이다.

그러나 유전자 측면에서 보면 이 상황은 전혀 다르게 해석될 수 있다. 개미들의 유전 형질로 보아 모든 개체는 평균적으로 자기 유전자의 75%를 자매와 공유한다. 이러한 '희생'을 통해 자기 자신의 딸을 돌볼 때보다 자신의 유전자 전파에 더 크게 기여하는 것이다. 사실상 부모가 자식을 보호하는 행위는 자신이 가진 유전자의 반(나머지 반은 다른 부모에게서 온다)만 지키는 셈이기 때문이다. 이를 통해 동물 사회에서 개체들이 일종의 이타행동(자신의 식량을 공유하고, 포식자가 나타났을 때 경고 행동을 하는 등)을 보여주는 이유를 설명할 수 있다. 왜냐하면 동물들도 곤충 사회만큼은 아니더라도 유연관계에 있는 경우가 많기 때문이다. 하나의 사회적 종 속에서 개체들끼리 서로 돕도록 만드는 하나의 유전자가 유리해지면 반대 행동을 종용하는 유전자에 비해 더 빠른 속도로 퍼져나갈 것이다! 역설적이게도 자신의 생존만 걱정하는 '이기적인' 유전자들이 이타행동을 유발하

« 도덕심의 기원은 사회 본능에 있다. 그 가운데 이타 행동은 하등동물의 경우처럼 자연 선택에 의해 만들어진 본능이다. »

찰스 다윈, 1871

는 데 유리하게 작용할 수 있다. 이유는 간단하다. 자연 선택에서 유리하기 때문이다. 이것은 다윈이 인간에 대해 주장하는 바이기도 하다.

분자 측면에서 진화를 분석해 보면 유아살해를 자행하는 수많은 종에 대한 설명을 얻을 수 있다. 물론 이것이 도덕적 측면(하지만 자연은 도덕적이지도 비도덕적이지도 않다)에서는 용납할 수 없는 행동이지만 말이다. 아프리카산 비비류 원숭이의 경우에는 자신이 그 부류의 수컷 지도자가 되면 다른 수컷들의 자손을 죽인다. 이는 사자나 침팬지, 다른 설치류에게서도 관찰되는 행동인데, 이러한 음모는 기존 수컷의 자손을 제거함으로써 암컷들이 이 상황을 빨리 받아들이게 해주는 행동으로 해석할 수 있다. 그렇게 하면 새로 지도자가 된 수컷은 번식할 수 있고, 그의 자손들에게는 경쟁자가 줄어들기 때문이다. 유전자 측면에서 보면 자신에게 방해가 될 만한 일은 생각조차 할 수 없도록 그 가능성을 원천 봉쇄한다는 이점이 생기는 것이다. 새로운 수컷 지도자는 이전 지도자의 유전자를 없애고, 개체군 내에서 자기 유전자의 출현율을 높이려는 것이다. 유아살해를 통해 자신의 유전자가 널리 전파되는 것을 경험하면 이러한 경향은 다음 세대에도 이어진다. 반대로 도량이 큰 사자들의 경우에는 새끼를 많이 만들지 않는다. 그만큼 자신의 고유 유전자를 가진 새끼의 비율이 낮아지는 셈이다.

이러한 행동은 일웅일자 동물들에게는 더욱 드물게 나타난다. 반대로 암컷이 여러 마리의 수컷과 교미하는 경우, 어떤 수컷에게서 나온 새끼인지 구분할 수 없기 때문에 보노보와 같은 동물들은 새끼를 죽이지 않는다! 하지만 이러한 설명은 이 행동이 유전적으로 결정되어 있는 것이라는 가정하에 가능하며 이는 아직 확실히 입증되지 않았다.

그것은 DNA에 새겨져 있다!

사회생물학은 행동을 진화의 결과물로 보는 학문으로 에드워드 윌슨Edward O. Wilson이 『사회생물학Sociobiology: The New Synthesis』이라는 신다윈주의에 기반한 제목의 책을 출간한 1975년부터 대중화되기 시작했다. 에드워드 윌슨은 동물의 사회적 행동, 특히 벌이나 개미와 같은 곤충들의 행동뿐 아니라 인간 사회에도 주목했다. 당시 그는 인간 진화의 문화적 측면을 축소시킨 생물학적 결정론을 주장했다는 점과 그가 분석한 행동들은 이론이 아닌 자연 상태에서 실제로 자연 선택의 영향을 받았는지에 대한 확인이 없었다는 점에서 비판을 받았다. 사회생물학에서는 지능 유전학이나 '동성애 유전자'와 같이 논쟁의 여지가 많은 분야를 연구하기도 했다.

오늘날에는 이러한 논쟁이 줄어들면서 사회생물학이 행동생태학에 편입되었다. 이제는 인간을 비롯한 동물들의 행동을 환경 조건에 적응하는 과정에서 나온, 자연 선택의 영향을 받는 것으로 보는 연구가 일반화되었다. 이는 우리 인간이 진화의 결과물이라는 사실을 인정하는 또 하나의 방식이다. 자연과 문화, 유전자와 환경, 선천적 형질과 획득한 형질 사이에 확실하게 선을 긋고 싶어 했던 반대 입장의 사람들은 타당성을 잃은 셈이다.

동시에 **유전자 프로그램**이라는 개념이 전 사회에 퍼졌다. 많은 사람이 유전자가 만든 일종의 건축 도면을 읽기만 하면 각 개체 속의 유전자들이 발현되는 모습을 상상할 수 있다. 행동이나 해부학과 관련된 아주 소소한 요소들을 담당하는 유전자를 연구하다보면 우리를 이루는 모든 것은 유전자가 결정한다는 사실을 깨닫게 된다. 이러한 생각은 우리가 쓰는 말에도 녹아 있다. 누군가의 형질(혹은 단점)에 대해 말할 때 우리는 "그건 DNA에 새겨져 있다"고 한다. 이는 "피는 못 속여!"라는 옛말을 대신하는 문구라고 볼 수 있다.

사실 하나의 유전자는 세포가 전적으로 믿고 따를 수 있는 단순한 '지침서'가 아니다. 한편으로 보면 유전자는 홀로 존재하는 것이 아니라 다수의 다른 유전자와 결합되어 있기 때문에 그 전체적인 작용을 고려해야 하는 것이다. 또 다른 한편으로는 유전자가 발현되는 동안에도 많은 요소가 개입해 유전자 활동의 방향이 설정되거나 조절된다. 배아의 환경뿐 아니라 분화되고 있는 새로운 세포들과 상호 작용하는 기존 세포들도 영향을 미치는 것이다. 아직 태어나지 않은 두 명의 진정한 쌍둥이일지라도(동일한 유전적 자원을 가졌다면 이들을 '진정한' 쌍둥이로 볼 수 있다) 그들의 환경이 완전히 동일하지는 않기 때문에 분화된 형질을 보이기 시작한다. 여러 이유로 유전자의 발현은 개체마다 미세하게 다를 수 있으며 쌍둥이는 각자 고유의 지문을 갖는다. 또한 코나 귀의 생김새도 전적으로 유전자의 영향을 받는다고 볼 수는 없다(귓불의 위치와 같은 일부 요소는 특정 유전자와 관련 있긴 하다). 따라서 모호하면서도 환원주의적인 이 유전학적 '프로그램'이라는 비유를 쓰지 말아야 한다. 왜냐하면 이는 진화라는 프로젝트와 그것을 만든 프로그래머가 존재한다고 믿게 만들 수 있기 때문이다.

설계적 유전자

단백질과 DNA를 심층 분석하면 하나의 종이 어떻게 해서 기존 형질을 보존하면서도 새로운 형질을 획득하는지 알 수 있다. 사실 하나의 유전자가 돌연변이에 의해 변형되면 기존 기능을 잃는데, 이럴 경우 일단 불리한 것처럼 느껴진다. 그러나 이 과정에서 우리는 많은 유전자가 복제되었다는 사실을 확인했다. 다시 말해 유전자들이 꼬리에 꼬리를 물고 여러 개로 늘어나는 것이다. 이 경우, 복제된 유전자 가운데 하나에만 돌연변이가 축적되고, 나머지 복제 유전자들은 여전히 기존 기능을 수행할 수 있다. 우리가 다양한 색으로 세상을 볼 수 있게 해주는 시각 색소도 이런 방식으로 생성된다. 헤모글로빈의 경우에도 태아 단계에서 출생 이후까지 이런 방식으로 여러 형태의 헤모글로빈이 생산된다.

다윈의 자연 선택설에 반대하는 이들의 비판 가운데 하나가 특히 설득력 있어 보였는데, 그 내용은 다음과 같다. 털이나 깃털의 색, 개체의 몸집 크기, 어떤 기관의 점진적인 소멸과 같이 여러 종이 겪은 소규모 변형에 대해서는 쉽게 납득되지만 완전히 새로운 기관이나 전에 없던 구조가 나타나는 것은 지금까지 진행된 점진주의로 설명하기 힘들다.

1980년대부터 발생 조절 유전자가 발견되면서 돌연변이 효과에 대한 시각이 완전히 바뀌었다. 개체 발생 초기에 개입해 그 구조 형성에 주효한 역할을 하는 유전자들이 있는데, 이들은 특히 배아 형성 이전과 이후 그리고 '설계적 유전자'라 불리는 등과 배의 형성에까지 관여한다.

'호메오homeo' 유전자는 일부 기관의 반복(곤충의 체절 복부나 척추동물의 갈비뼈 형성과 같은)과 분화에도 관여한다. 이 유전자가 조금이라도 변형되면 더듬이가 나야 할 자리에 다리가 난 곤충처럼 배아에 엄청난 결과를 초래한다. 오늘날에는 이를 생존 불가능한 기형으로 보는 경우가 많지만, 하등 생물은 다른 개체들과 모습은 달라도 생육은 가능한 경우가 많다. 5억 4,000만 년 전인 캄브리아기 초기에도 이런 일이 일어났을 것이다.

당시에는 종의 수가 지금처럼 많지 않고 포식자까지 줄어들어 동물들이 끝없이 펼쳐진 먹이를 차지할 수 있었던 것이다. 게다가 게놈 또한 분명히 더 단순한 형태였을 것이다. 배아 발생 초기 단계에 영향을 미치는 돌연변이가 다양한 형태의 구조를 출현시켰는데, 그 가운데 일부는 다른 것에 비해 생존에 월등하게 유리했을 것이고 나머지는 소멸되거나 우연히 살아남았을 것이다. 오늘날만큼 자연선택이 활발하게 이루어지지 못하던 시대이니 온갖 돌연변이가 활개를 친 것이다! 아주 이상한 형태의 동물일지라도 끝까지 살아남았고, 그 가운데 일부가 생존한 것이다. 일종의 큰 계보가 돌연히 나타나 번식하고, 이것이 현재 대부분 문門의 조상이 된 것이다. 이렇게 해서 곤충과 포유류는 설계적 유전자를 공유하게 되었는데, 이는 그 당시 살았던 공통 조상에게서 유전된 것이다.

뒤이어 척추동물이나 연체동물의 골격처럼 기존 계획에서 크게 벗어나지 않는 변이들만 발생했으며, 이는 매우 다양한 형태의 생물이 출현하는 데 적당한 조건을 마련해준 셈이다. 그러나 이러한 진화는 고생물학자들이 말하는 '캄브리아기 대폭발'보다 훨씬 느리게 진행되었다.

유전자 이동

가끔 서로 상이한(균류와 동물같이) 유기체가 매우 유사한 유전자를 공유하는 경우가 있다. 특히 이 유사한 유전자가 근연종에서 발견되지 않을 경우, 이는 공통 조상에게서 물려받은 것이라고 볼 수 없다. **수평적 유전자 이동**, 즉 먹이나 바이러스 같은 비유전적 경로로 유전자가 전달되면서 이러한 유사성이 생기는데, 두 종 가운데 하나의 직계조상에게서 만들어졌을 것으로 보인다. 일단 이 두 종이 새로운 게놈의 틀 속에 들어가면 이 유전자들은 다른 유전자처럼 행동하며 여러 세대에 걸쳐 전달된다.

이 현상은 **진정세균**과 **고세균**archea(진정세균과 달리 극한 환경에서도 잘 생식하는 단세포)에서 흔히 발생하는데, 이를 통해 DNA를 바꾸거나 없앨 수도 있다. 진정세균과 고세균의 경우, 게놈의 80%까지 수평적 유전자 이동이 가능한데, 이 덕분에 유기체들은 이미 선택을 통해 걸러진 분자라는 도구를 얻을 수 있으며, 새로운 먹잇감에 접근하거나 항생제에 내성을 가질 수 있다. 이런 유용한 돌연변이는 여러 종 사이에서 빠른 속도로 전달되는데, DNA 단편을 교환하거나 이미 죽어서 주변을 떠다니는 진정세균의 DNA 가닥을 직접 추출하는 방식을 취한다.

균류나 동식물 같은 **진핵생물**(핵 세포를 가진 생물)에서는 이러한 메커니즘이 자주 관찰되지 않지만, 생물학자들은 심심찮게 새로운 예를 찾아낸다. 완두수염진딧물*Acyrthosiphon pisum*의 경우에는 일반적으로 녹색을 띠지만 주황색을 띠는 개체들도 있다. 이들의 색깔은 특별 유전자에 의해 완두수염진딧물이 만들어내는 색소와 카로티노이드의 영향을 받아 결정된다. 그러나 이 유전자는 진딧물의 모든 근연종에서 발견되지 않고 오히려 여러 종류의 곰팡이를 가진 생물(2형 진균이나 누룩곰팡이)에서 그들과 매우 흡사한 형태로 발견된다.

아마도 몇천만 년 전에 기생성 진균이나 먹이에 의해 진딧물의 몸속으로 이 유전자가 이동했을 것으로 추정된다. 이 유전자가 보존되어왔다는 것은 이것이 이 동물에게 유용하다는 의미일 것이다. 실제로 말벌은 녹색 완두수염진딧물에 기생해 진딧물의 몸에 알까지 낳지만 붉은색 형태에는 신경을 쓰지 않는다. 반대로 붉은색 진딧물은 무당벌레에게 공격당하는 경우가 더 많다.

수평적 유전자 이동(혹은 측면 유전자 전이)에 관한 연구는 20여 년 전부터 활발하게 진행되었다. 우리가 생각하는 것보다 게놈의 유동성이 더 좋다는 사실이 밝혀졌으나 수평적 유전자 이동의 빈도는 아직도 논란이 되고 있다. 인간 게놈에서 발견된 몇백 개의 유전자 이동 사례에 대해서도 의견이 분분하다. 그러나 미생물의 경우에는 워낙 유전자 이동이 빈번해 우리가 그 미생물에 대해 예상했던 진보 경로를 벗어난다. 사실상 유전자가 상호 교환되면 이 유전자의 발생학적 역사는 초기에 이 유전자가 활동했던 종의 발생학적 역사와 달라지는 셈이다. 따라서 박테리아가 덤불 모양으로 진화한다는 이론은 더 이상 적용될 수 없다. 왜냐하면 진화의 가지들이 서로 가깝든 멀든 간에 연결될 수 있기 때문이다. 단순한 분지로 만들어진 나무는 수평적 커뮤니케이션을 하는 하나의 네트워크가 된다. 그러나 형질의 전달 과정에서 변화가 생긴다 해도 유기체는 여전히 자연 선택의 지배를 받는다!

5장

다윈의 이론을 다르게 해석한 사람들

『종의 기원』이 출판된 이후 다윈의 생각을 오해하고 왜곡하는 사람들이 생겨났다. 단순히 개념을 잘못 이해한 경우도 있지만 사실 『종의 기원』이 제시한 이야기들은 당대의 이데올로기에 정면으로 대립하는 것이었다. 그러다보니 진화론에 대한 거부는 차치하더라도 자연 선택마저 과학적인 이유가 아닌 종교적이거나 철학적인(극단적 자유주의에서 우생학에 이르기까지) 이유로 끈질기게 외면당했다.

잃어버린 고리

1859년에는 고생물학이 막 싹틀 무렵이라 현생 종의 조상이 누군지 밝힐 만큼 충분한 양의 화석 자료가 수집되지 못한 상태였다.

그러다보니 조상 종으로서 적절해 보이는 화석을 찾더라도 중간형이 없는 경우가 허다했다. 인간과 원숭이 화석 사이에 존재할 법한 이 가설 속 형태들을 '잃어버린 고리'라고 부르는데, 반진화론자들은 이 공백을 부각시키면서 잃어버린 고리를 찾지 못하는 한 이 이론은 유효하지 않다고 주장했다. 그러나 1861년에 공룡과 뚜렷하게 닮은 원시 조류인 최초의 시조새 아르카이오프테릭스*Archaeopteryx*의 화석이 발견되어, 다윈에게 조류와 파충류 사이의 중간형이라는 선물을 선사했다. 1869년에 출간된 『종의 기원』 5번째 개정판에서 다윈은 그때까지 개정판을 낼 때마다 해왔던 것처럼 자신의 의견을 비방하는 이들에게 구체적인 답을 주고자 이 정보를 추가했다.

그 후 고생물학자들이 수많은 '잃어버린 고리'를 발견했다. 19세기에는 고래의 경우가 실질적인 문제로 대두되기도 했다. 근본적으로 해부학적 구조가 다른 현생 고래와 육상 사족동물 사이의 중간형에 대해 상상이나 할 수 있는가? 결과적으로 말하자면, 이러한 예측에 부합하는 화석이 20세기 말 파키스탄에서 발견되었다. 5,000만 년 정도 된 사족동물, 파키케투스*Pakicetus*와 암불로케투스*Ambulocetus*가 그 주인공이다. 파키케투스는 양서류와 같은 생활 환경(수달의 생활 환경과 유사)에서 서식했고, 암불로케투스는 수상동물(학명 자체가 '걷는 고래'라는 뜻이다)에 더 가까웠다. 이들의 두개골은 화석으로 발견된 고래의 전형적인 구조를 그대로 간직하고 있으며, 이나 내이의 뼈도 마찬가지였다. 이들이 고래의 직계 조상은 아닐지라도 육상 포

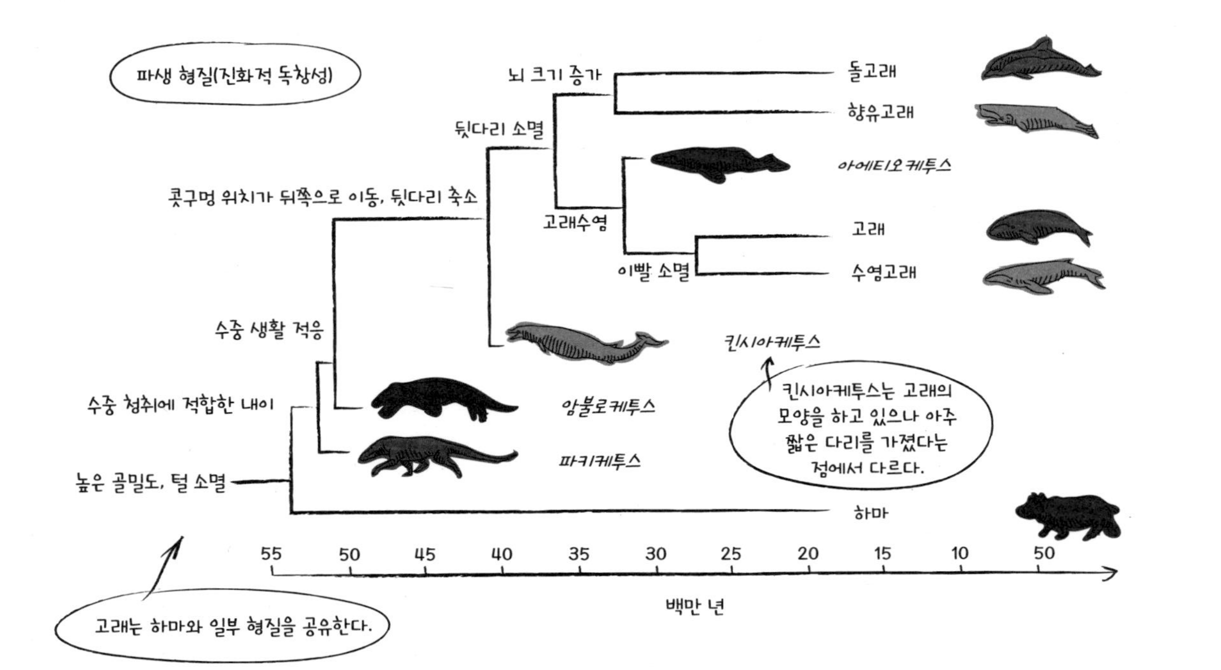
파생 형질(진화적 독창성)
뇌 크기 증가
뒷다리 소멸
콧구멍 위치가 뒤쪽으로 이동, 뒷다리 축소
고래수염
이빨 소멸
수중 생활 적응
수중 청취에 적합한 내이
높은 골밀도, 털 소멸
돌고래
향유고래
아에티오케투스
고래
수염고래
킨시아케투스
킨시아케투스는 고래의 모양을 하고 있으나 아주 짧은 다리를 가졌다는 점에서 다르다.
암불로케투스
파키케투스
하마
55
50
45
40
35
30
25
20
15
10
50
백만 년
고래는 하마와 일부 형질을 공유한다.

고래의 계통수

유류가 수중 생활에 적응해가는 점진적인 과정에 대해 설득력 있는 가능성은 제시해준 셈이다. 육상 포유류에게 발굽이 생기면서 이들은 우제류(돼지나 반추동물 같은)의 조상 종과 유사해졌다. DNA를 통해 이러한 유연관계가 입증되면서 고래들은 오늘날 고래·소목 *Cetartiodactyla*에 속하는 우제류로 분류되었고, 결과적으로 이들은 소, 사슴, 돌고래와 공통 조상을 갖게 되었다. 1966년에 묘사된 아에티오케투스*Aetiocetus*의 모습을 보면 이빨 고래가 어떻게 수염고래를 낳았는지 상상할 수 있다. 왜냐하면 아에티오케투스의 이로 무장된 턱이 수염의 명확한 흔적이 되기 때문이다.

다윈은 당시 발견된 몇몇 원숭이 화석과 현생 인류 간의 중간형을 찾지 못했다. 다윈이 세상을 떠난 후에야 호모 에렉투스*Homo erectus*와 호모 하빌리스*Homo habilis*, 오로린 투게넨시스*Orrorin tugenensis*, 호모 플로레시엔시스*Homo floresiensis*, 아르디피테쿠스 *Ardipithecus*, 사헬란트로푸스*Sahelanthropus*, 그리고 한 무리의 오스트랄로피테쿠스*Australopithecus*와 파란트로푸스*Paranthropus* 등이 발견되었기 때문이다. 우리는 지금 일부 '중간 그림(예를 들어 침팬지와 인간의 공통 조상은 알려지지 않았다)'이 빠진 복잡한 그림을 보고 있는 것이나 마찬가지다. 여기서 고생물학자들은 너무나 많은 종과 마주한 나머지 이들을 현생 동물과 화석으로 남은 호미니드의 기원을 의미하는 울창한 나무 어디쯤 두어야 할지도 알 수 없는 지경에 이르렀다.

오늘날에는 이 잃어버린 고리가 의미 없는 개념이 되어버렸다.

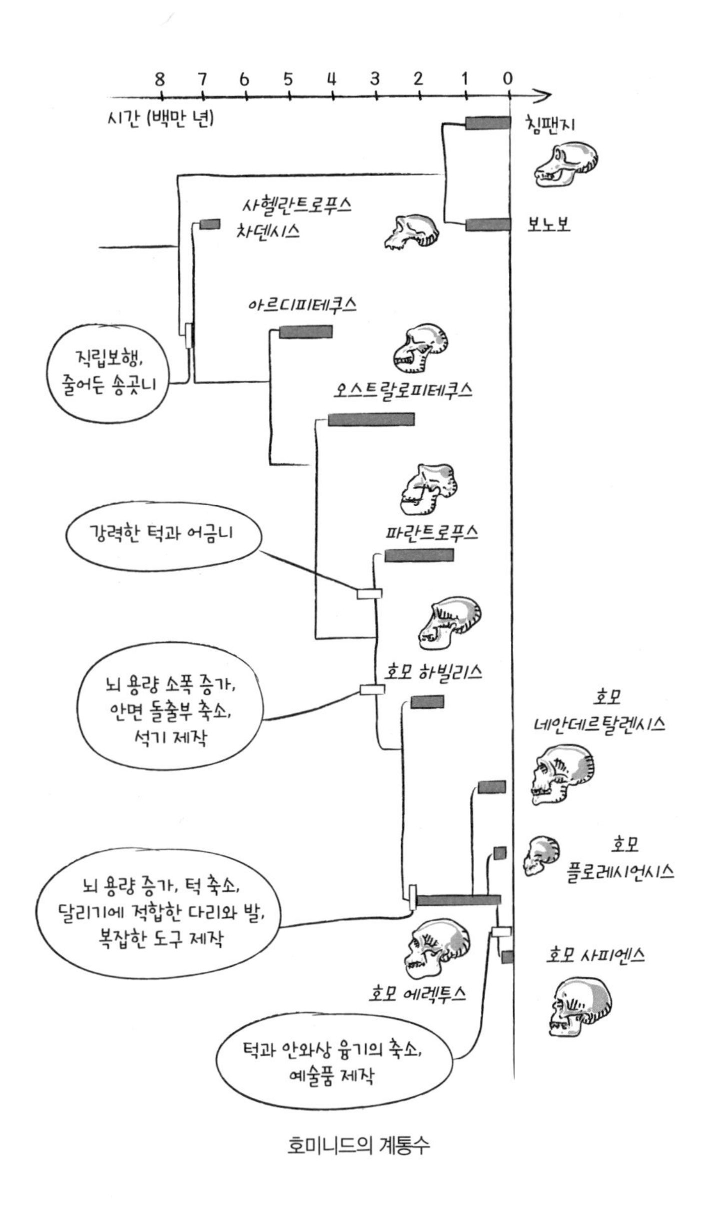
8 7 6 5 4 3 2 1 0
시간 (백만 년)
침팬지
보노보
사헬란트로푸스 차덴시스
아르디피테쿠스
직립보행, 줄어든 송곳니
오스트랄로피테쿠스
강력한 턱과 어금니
파란트로푸스
뇌 용량 소폭 증가, 안면 돌출부 축소, 석기 제작
호모 하빌리스
호모 네안데르탈렌시스
호모 플로레시엔시스
뇌 용량 증가, 턱 축소, 달리기에 적합한 다리와 발, 복잡한 도구 제작
호모 사피엔스
호모 에렉투스
턱과 안와상 융기의 축소, 예술품 제작

호미니드의 계통수

그 이유는 두 가지가 있는데, 하나는 진화가 선형 사슬 모양이 아니라 덤불 모양으로 진행되기 때문이고, 또 하나는 작은 흔적조차 남기지 못하고 사라진 수많은 종을 보면 알 수 있듯 화석화는 흔치 않은 현상이어서 그 중간형이 늘 부족할 수밖에 없기 때문이다. 그리고 진화가 느린 속도로, 점진적으로 이루어지긴 하지만 가끔 빠른 속도로 진행되기도 하기 때문에 일부 '중간형' 개체들이 화석화될 가능성은 더 낮아지는 것이다.

진보의 문제

19세기까지도 '존재의 대사슬'을 기준으로 삼는 박물학자가 많았다. 이것은 가장 미개한 동물부터 복잡한 동물까지 분류해놓은 위계 구조로, 꼭대기에 인간이 자리하고 있었다. 동물학적인 지식이 축적되면서 이 구조는 조금씩 여러 갈래로 나뉘었다. 모든 동물을 일직선상에 놓을 수는 없기 때문이다. 그러나 여기에는 자연이 신의 창조 계획을 반영한 것이든 진화의 결과물이든 간에 가장 단순한 생물에서부터 정교한 생물에 이르기까지 모두 아우르는 존재라는 생각이 깔려 있었다.

라마르크와 같은 초기 진화론자들은 여러 갈래로 나뉜 이 위계 구조 이론을 바탕으로 진화는 항상 더 복잡한 방향으로 진행된다고 주장했다. 그들에게 진화는 동물의 진보와 개량을 의미했다. 다윈의 업적 가운데 가장 눈에 띄는 것은 이러한 신조를 저버렸다는 것이다. 굳이 복잡하게 표현할 필요 없이 다윈에게서 진화는 자신이 처한 환경에 종이 적응하는 것을 의미했다.

《 자연은 진보를 향해 가지 않는다. 오랜 심사숙고 끝에도 나는 이 신념을 떨쳐버릴 수가 없다.》

찰스 다윈, 1873

백곰은 극지방에 적응한 갈색곰(아메리칸 그리즐리)의 개체군에서부터 진화했다. 그렇다고 해서 백곰이 갈색곰에 비해 '더 진화'했다고 볼 수 있을까? 백곰은 몸집이 조금 더 크고 수영을 잘하는 데다 바다표범 사냥에 더 능숙하다. 반면 갈색곰은 잡식성이라 먹이 선택 폭이 더 넓으며, 연어 사냥을 더 잘한다. 사실상 이 두 종은 나란히 진화했다고 볼 수 있다. 심지어 오늘날의 갈색곰은 그들의 공통 조상과 다르다. 또 티라노사우루스보다 더 오랜 시간 진화해왔다(약 6,600만 년이나 더 진화했다!)고 해서 벽도마뱀을 '더 진화한' 존재라고 볼 수 있을까? 사실 생활 환경에 적응했다는 것은 환경의 변화에 맞춰 더 효과적으로 번식하거나 잘 생존했다는 뜻이지 '진보'를 의미하지는 않는다.

물론 해부학적 혹은 생리적 혁신과 쇄신이 진화에 새로운 장을 열어주는 경우도 종종 있었다. 최초 파충류의 알이 수상 환경에서 벗어난 것도 그런 경우이다. 비록 육상 생활에 적응하긴 했지만 그들의 양서류 조상은 원래 자신들이 살았던 수중으로 돌아가 알을 낳아야 했다. 3만 1,000년 전에는 껍데기에 싸인 최초의 알들이 수중 환경으로부터 독립된 사족동물을 탄생시켰고, 그들로 하여금 거대한 영토를 개척할 수 있게 해주었다.

그러나 진화와 진보를 동일시하다보면 더 거추장스러운 또 다른 장애물에 부딪힌다. 진화가 진행되는 동안에도 종은 오히려 퇴보해 더 단순한 형태로 발현되는 것처럼 보인다. 수많은 기생 생물이 여기에 해당하는데, 성년이 되어도 감각기관이나 소화관, 중추신경이 없는 기생 생물들은 생식세포를 보존하는 역할만 맡는다. 진화를 통해 도마뱀의 발이나 새의 날개가 소멸되고, 눈먼 물고기들이 생긴다면 이것은 '진보'일까? 사실상 이것은 개선도 개악도 아닌, 특별한 생존 환경에 대한 놀라운 적응의 결과물이라고 볼 수 있다.

사회다윈주의

다윈의 『종의 기원』은 1862년에 처음 프랑스어로 번역되어 『종의 기원 혹은 유기체의 진보의 법칙De l'origine des espèces ou des lois du progrès chez les êtres organisés』이라는 제목으로 출간되었다. 번역가 클레망스 루아예Clémence Royer는 '진보'를 성직자의 반계몽주의에 대항하는 막강한 무기로서 사회주의자들과 가톨릭교도들이 가지는 평등주의 윤리를 거부하는 것이라 이해했고, '정신과 육체를 가진 인간을 병약하고 불완전한 존재'로 만들어버렸다. 루아예는 자연 선택이 인간 사회에도 적용되어야 한다고 생각해 사회다윈주의와 거친 우생학 프로그램을 옹호하게 되었다.

《 인류의 조상은 뾰족한 귀와 꼬리가 달린 털로 뒤덮인 포유류이다. 구세계에 살았던 이들은 나무 위에서 생활한 것으로 보인다. 》

찰스 다윈, 1871

프랑스어 번역본을 받아 든 다윈은 루아예가 거침없이 의견을 피력한 데 놀라 짜증을 느낄 정도였다. 루아예는 2판에서 제목을 바꾸고 우생학과 관련된 참고 자료를 삭제하기도 했다. 1869년 5판이 출간되자 다윈은 직접 장 자크 물리니에Jean-Jacques Moulinié에게 번역을 부탁했다. 루아예가 다윈의 책을 라마르크주의로 몰아갔을 뿐 아니라, 다윈의 생각이 아닌 자신만의 해석으로 자연 선택을 인간 사회에 적용시켰기 때문이다.

의사이면서 박물학자이자 시인이었던 찰스 다윈의 할아버지, 에라스무스 다윈은 저서의 두 면을 할애해 진화론의 개념을 소개했다. 자유로운 사상을 가진, 프리메이슨 단원이었던 에라스무스 다윈은 미국과 프랑스의 혁명을 지지하기도 했다. 그의 가장 친한

《 가난한 자들의 불행이 자연법칙이 아니라 우리의 제도 때문이라면 우리의 잘못이 크다. 》

찰스 다윈, 1845

친구였던 조슈아 웨지우드Josuah Wedgewood는 도자기 업체 경영자로, 훗날 찰스 다윈(과 부인)의 외할아버지가 되었다. 그는 노예제 폐지론자로 노예제 폐지 촉진을 위해 메달을 만들어 보급하기도 했다. 비록 찰스 다윈이 여덟 살에 어머니를 잃었지만 두 집안은 매우 가깝게 지냈다. 그는 이처럼 '계몽된' 계파의 보호를 받으며 자랐고, 영국의 산업화와 함께 등장한 부르주아에 순응하는 태도를 보이지 않았다.

사실 다윈이 19세기 영국 사회의 냉혹함을 직접적으로 경험한 적은 없었다. 빅토리아 시대 영국 사회가 이룬 직물 및 광물업의 눈부신 발전은 8세 이상 어린이를 노동 시장에 참여시키고, 노동자들을 대상으로 착취를 일삼은 결과였다. 물론 그들이 이룩한 부의 일부는 식민지에서 온 것이었다. 식민지의 노예제도는 폐지되었지만, 그들을 멸시하고 강압적으로 대하는 식민 자본주의는 뿌리 뽑히지 않았다. 비글호를 타고 항해하는 동안 브라질에서 노예제도의 실상을 경험한 다윈은 노예제 폐지에 관한 입장을 밝히면서 피츠로이 함장과 격렬한 논쟁을 벌이기도 했다. 하지만 자신이 속한 사회적 계급에 대한 모든 편견을 부정하지는 않았다. 그리고 문명화된 영국 사회의 우월성에 대한 확신도 가지고 있었다. 파타고니아 제도에서 몇 개월 보낸 다윈은 티에라델푸에고에 사는 푸에고인들과 아메리카 인디언들의 생활방식을 보고 아연실색하기도 했다. 항해를 마치고 돌아온 다윈은 개인적으로 물려받은 재산 덕분에 편안한 생활을 영위하며 자신의 연구에 온전히 몰두할 수 있었다. 그가 주장한 것으로 오해받기도 하는 '사회다윈주의'는 사실 그가 평생 견지해온 정치적 견해와 거리가 멀었다.

그의 친구 가운데에도 이러한 오해에 한몫한 사람이 있었다. 다윈의 측근인 토머스 헉슬리는 1888년에 출간한 『인간 사회에서의 생존 경쟁The Struggle for Existence in Human Society』(1894)을 통해 자연 선택이 기본적인 윤리 원칙이 될 수 있다고 주장해 오해를 샀다. 철학자이자 사회학자인 허버트 스펜서Herbert Spencer는 자신의 신념을 뒷받침하는 데 다윈의 이론을 인용했다. 그는 자연 선택이 엄격한 의미에서 인간에게 적용되어야 하는 이론이라고 보았으며, 이러한 경쟁이 사회 전체를 진보시키는 계기가 되기 때문에 국가는 자연 선택으로 인해 발생할 수 있는 부정적인 효과들을 보완할 목적으로 개입해서는 절대 안 된다고 주장했다.

공교롭게도 생존을 위한 혼자만의 투쟁을 정당성도 없이 인간 사회 전체로 확대시켰다는 점에서 이 가짜 다윈주의는 힘을 잃었고, 이것이 정치적 의미로 해석되면서 극단적 자유주의 사상의 바탕이 되었다. 사실 다윈의 이론에 대한 잘못된 해석은 영국의 부르주아 계급뿐 아니라 다른 유럽 국가에서 다윈주의의 인기가 상승하는 데

« 인간의 본성 가운데 가장 고귀한 부분을 건드리지 않고서는 아무리 냉철한 이성을 가진 사람일지라도 우리가 가진 이타주의적 특성을 스스로 제어할 수 없다. »

찰스 다윈, 1871

분명히 중요한 역할을 했다. 알퐁스 도데Alphonse Daudet가 1889년에 발표한 『생존경쟁La lutte pour la vie』이라는 작품에서 'struggle-for-lifeur'라는 신조어를 사용한 것도 그 맥락에서 이해할 수 있다. 이 용어는 'struggle for life, 즉 강자에 의한 약자의 소멸이라는 극단적인 이론을 실행에 옮기는 자'라는 정의와 함께 사전에 등재되기도 했다. 이는 자신의 이론이 남용되는 것을 막기 위해 다윈이 독자들에게 경고했던 부분과 거리가 멀다.

다윈은 우리의 먼 조상들에게서 자연 선택이 이타적인 행동에 유리하게 작용했을 것이라고 주장하기도 했다. 왜냐하면 이러한 이타적인 행동이 우리 조상들에게 닥친 수많은 위험으로부터 그들을 안전하게 지켜주었기 때문이다. 다윈의 주장에 따르면 '인간 본성의 가장 상위 단계에 해당하는 부분에는 자연 선택 이외의 수많은 영향이 있었겠지만' 그럼에도 불구하고 자연 선택이 인간의 '윤리 의식 발달의 기초가 되는 사회본능'을 계발하는 데 기여했다는 것이다.

우생학

사회다윈주의는 우생학의 전파에도 기여했다. 이는 사회 안에서 '자연' 선택이 이루어지도록 두는 차원이 아니라 '부정적인' 요소들을 제거해 자신의 행동을 정당화하려는 이론이었다. 다윈의 사촌이자 초창기 우생학 주창자인 프랜시스 골턴Francis Galton은 사회 계급을 기준으로 삼았으나 그의 이론은 '인종 개량'이라는 명백한 목표를 가진 다양한 사람들에게 전파되었다. 당시에는 이미 인종 개량 프로젝트가 프랑스와 영국에 알려진 상황이었다.

18세기 이후 공중보건의 유지 및 증진 방법의 하나로 배우자 선택과 생식에 대한 개입을 권장하는 의사가 많이 생겨났다. 약간 순진하다고도 볼 수 있는 그들의 이타적 사고는 인정하지만 우생학은 급속도로 정치적 경향을 띠면서 1930년대에는 나치법에 의해 절정에 이르렀다. 하지만 이렇게 파생된 이론들을 모두 다윈의 잘못으로 돌릴 수는 없다. 이슬람 설교자이자 반진화론자인 하룬 야하Harun Yahya(필명)는 자신의 웹 사이트에 이런 글을 올리기도 했다. "결론적으로 보면 다윈은 인종주의의 아버지다. 아르튀르 고비노Arthur Gobineau와 같은 인종주의의 '공식적인' 창시자가 다윈의 이론을 해석하고 인용했기 때문이다." 실제로 1853년 출간된 『인종 불평등에 관한 에세이Essai sur l'inégalité des races humaines』에서 고비노는 '다윈의 손에서 유명해진' 선택이라는 개념의 기원은 자신이라고 주장하며 진화론을 공개적으로 비판했다. "자코뱅당원들과 그 동료들이 원숭이의 후손이라고 생각할 만한 여지는 전혀 없다. 그들이 그렇게 주장하는 것뿐이다. 이것은 그저 동료를 돕기 위한 동족의식에 지나지 않는다."

반대로 다윈은 이타주의를 인간 천성의 바탕이라고 보았다. "불행한 이들을 도와야 한다고 느끼는 것은 우리의 이타주의적 본능이 가진 부차적인 효과이다. 이것은 마치 사회 본능처럼 애초부터 가지고 태어나는 것으로, 나중에는 (…) 그것에 더 민감해지고, 더 보편적으로 느끼게 된다. 인간의 본성 가운데 가장 고귀한 부분을 건드리지 않고서는 아무리 냉철한 이성을 가진 사람일지라도 우리가 가진 이타주의적 특성을 스스로 제어할 수 없다. (…) 따라서 우리는 약자를 보호하고 그들의 개체 수를 늘려주는, 우리에게는 말할 수 없이 불편한 이 효과를 감당해야만 한다."

6장

다윈주의, 그것은 스캔들이었다!

다윈은 과학적 입장을 고수하려 했지만 철학적, 종교적 논쟁에 휘말리는 일이 잦았다. 200여 년이 지난 지금도 반대론자들은 (비과학적인 이유로) 다윈주의에 매우 적대적인 입장을 취하고 있다.

지난 30년간 진행된 모든 여론 조사를 보면 미국 시민의 절반가량이 인간의 조상이 동물임을 부정한다는 사실을 알 수 있다. 이는 많은 국가에서 진화론을 받아들이고 학교에서 가르치고 있지만 여전히 그것을 터무니없는 이론으로 치부하는 이가 많다는 것을 의미한다. 그것도 『종의 기원』이 출간된 이래 변한 적 없는 그 종교적인 논거를 가지고 말이다.

성경이라는 틀

르네상스 시기 이후 박물학자들은 고대 작가들의 글에서 벗어나 자연을 색다른 시각으로 바라보기 시작했다. 그리고 그들은 거기서 그치지 않았다. 하지만 성경이 정해놓은 틀을 벗어나는 것은 어림도 없는 일이었다. 더구나 6일 동안 우주와 생명체가 창조된 것과 대홍수가 발생해 40일간 온 대륙을 물로 덮어버린 두 개의 큰 사건이 상세히 기록된 성경의 첫 번째 이야기인 「창세기」는 더욱 그랬다.

신학자들은 성경에 기록된 연대기를 기초로 이 사건의 연대를 추산하기도 했다. 제임스 어셔James Ussher 주교의 계산에 의하면 신이 천지를 창조한 것은 기원전 4004년 10월 23일 전날 밤이었다! 그는 대홍수 때 죽은 동물들의 유해가 화석으로 남았기 때문에 높은 산의 정상에서 해양 동물의 껍데기가 발견된 것이라고 설명했다. 한편 종교적 교리와 거리가 먼 주장을 편 사람들은 목숨의 위협을 느끼기도 했다. 우주 내에서 지구의 위치에 대해 주장한 조르다노 브루노Giordano Bruno와 인간의 기원에 대한 자신의 의견을 피력한 줄리오 체사레 바니니Giulio Cesare Vanini가 생을 마감한 것도 그 때문이었다.

18세기 말에는 이 좁은 틀에서 벗어나고자 하는 박물학자가 늘어났다. 종교적 설명이 아닌 박물학적 설명이 필요한 혼란스러운 문제들이 제기되었기 때문이다. 인간과 동물의 몸 구조가 같은 이유는 무엇인가? 상응하는 현생 종이 없는 경우, 화석이 된 그 종은 어떻게 된 것인가? 산의 침식이나 거대한 퇴적암의 퇴적 형태를 보고 우리가 추론할 수 있듯이, 지구가 예상보다 더 오래된 것은 아닐까? 뷔퐁Buffon은 금속 구毬를 뜨겁게 달군 뒤 식는 속도를 관찰하는 실험을 통해 지구의 나이가 천만 살 넘는다고 추정했지만 교회와의 충돌을 피하기 위해 7만 4,000년으로 줄여 발표했다.

19세기 초 영국 사회에서는 신성모독적인 언사나 이단 활동을 비방할 때 전처럼 화형대로 보내는 것이 아니라 성경에 나와 있는 지구의 역사를 읽도록 했다. 당시 성공회 신도들은 성경 말씀의 상징적인 해석을 허용했던 가톨릭과 달리 경전을 문자 그대로 해석하는 태도를 보였다. 추후 진화론에 대해 논의하긴 했지만 당시 이 이론은 대부분의 사회 구성원에게 여전히 경악스러운 내용이었다. 특히 이것이 인간과 관련되었다는 점에서 더욱 그랬다. 다윈이 『종의 기원』의 출간을 오랫동안 망설인 이유는 자신의 주장을 뒷받침하기에 충분한 요소들을 모으기 위해서이기도 하지만 과학적인 영역을 넘어 지적 혼란이 야기될 것을 예상했기 때문이다.

실제로 그런 일이 발생하긴 했지만, 사실 그의 이론 가운데 가장 논란이 된 것은 진화론이 아니었다. 다윈의 의견에 반대하는 이들에게는 자연 선택의 원리를 인정하는 것이 자연에 존재하는 설계나 계획의 가능성을 저버리고 나침반이 없는, 어쩌면 함장마저 없는 자연의 모습을 받아들여야 한다는 뜻이었다!

우연에 대한 오해

우리는 어떤 사건이 우연에 의해 발생했다고 믿기보다는 그것에 의미를 부여하고 싶어 한다. 이것은 태곳적부터 점성술이 성공을 거둔 이유와도 무관하지 않을 것이다! 또한 진화론에 개입된 우연에 대해 사람들이 오해하는 것도 같은 맥락일 것이다.

생명의 역사에서 목적성을 포기하는 것과 모든 일이 우연에 의해 발생한다는 것을 동일시하는 이가 많다. 물론 현재의 생물 다양성과 종의 출현을 순전히 우연에 맡기는 것은 터무니없는 일이다. 그렇다고 이것이 자연 선택이라는 틀 안에서만 이루어질 수 있는 일도 아니다. 진화에서 말하는 우연이란 단순한 우연이 아니라 예측 불가능한 다양한 사건들과 그것으로 인해 발생하는 분명한 제약을 아우르는 개념인 것이다.

우선, 주변 환경에 의한 것도 아니고 환경에 적응하려는 개체의 '의지'에 의한 것도 아닌, 우연히 발생하는 돌연변이에 대해 생각해봐야 한다. 우연히 돌연변이가 생긴다는 것은 DNA의 어느 부분에서 발생할지 모른다는 뜻이며, 당연히 그 효과에 대해서도 선험적으로 알 수 없다는 뜻이다. 개체군 내부에 이런 우연이 개입하기도 하는데, 이는 자연재해와 같이 자연 선택과 무관한 이유로 그 유전자를 가진 존재가 소멸함으로써 유전자가 완전히 사라지는 경우를 의미한다.

그러나 개체들이 받는 환경의 제약이 명확한 방향성을 가지는 경우가 빈번하다. 예를 들면 어떤 동물들은 추위(혹은 더위)나 포식자, 기생 생물과 싸워야 하며 짝을 찾아 번식도 해야 한다. 이러한 강력한 제약 때문에 서로 다른 진화의 역사를 가진 동물들이 유사한 형태를 갖는 경우도 발생한다. 돌고래와 상어가 그 경우에 속하는데 돌고래는 포유류이고, 상어는 연골어류, 즉 연골로 골격이 이루어진 어류에 해당한다. **수렴진화**라 불리는 이 현상은 동물의 세계에서 흔히 관찰되는 것으로, 어떤 환경에 적응하는 과정에서 진화상의 우연이 철저히 한 방향으로 정해질 수 있다는 것을 보여 준다.

반대로 진화에는 가끔 예측 불가능한 경우도 발생한다. 일반적으로 네 발로 달리는 덩치 큰 초식 포유류(사슴이나 영양)와 달리 두 발로 깡충깡충 뛰는 호주의 캥거루가 여기에 해당한다. 캥거루의 경우, 진화에 의해 두 개의 구분된 형태가 만들어졌을 것이고, 이는 호주 대륙에 격리되어 있던 종의 기존 신체 구조와 같은 요인의 영향을 받았을 것이다. 캥거루를 출현시킨 환경에 대한 정확한 인과관계가 복잡하므로(그리고 대부분 알려져 있지 않기 때문에) 이것 또한 우연이라 할 수 있겠다!

결과적으로 보면 진화 과정에서 일부 사건들이 중요한 역할을 한 것은 사실이지만 당시에는 그로 인한 결과를 전혀 예측할 수 없었다. 예를 들어 만약 소행성의 충돌로 공룡이 멸종되지 않았다면 지금처럼 포유류가 분화될 수 있었을까? 영장류 가운데서 호미니드과科가 발생해 인간이 출현할 수 있었을까? 그만큼 6,600만 년 전에 일어난 소행성과 지구의 충돌은 인류 탄생에서 중요한 사건이었던 것이다! 생물의 역사는 특별한 사건들로 점철되어 있으며, 이 사건들로 인해 진화의 지도가 다시 그려졌다. 그러나 인간은 그런 사건들이 있기에 우리가 존재한다는 사실을 제대로 받아들이지 않고 있다.

자연 신학

18세기에는 미지의 땅을 탐험한 항해자들이 관찰한 내용과 동식물의 삶에 관한 상세한 연구 결과들이 알려지면서 우리가 사는 세상을 점점 더 복잡하게 생각하게 되었다. 철학자들처럼 박물학자들도 모든 존재를 자연이라는 방대한 구조 속에서 확실한 목표를 가지고 창조된 것으로 여겼다. 전 세계적으로 일어나는 모든 경이로운 일과 그것의 치밀한 구성도 마치 신의 존재에 대한 증거처럼 인식했다.

프랑스 박물학자 베르나르댕 드생피에르Bernardin de Saint-Pierre가 강조한 바와 같이 '자연 신학'은 인간을 중시하는 학문이었다. "일반적으로 모든 종의 어미는 새끼의 수에 비례해 유방을 갖는데, 암소는 자연의 이 일반적인 법칙과 동떨어진 모습을 보인다. 소의 유방은 4개인데 소는 한 번에 한 마리, 드물게 두 마리의 송아지를 낳기 때문에 남은 2개의 유방은 인간에게 젖을 주기 위한 용도로 만들어진 것이다. 사실 암퇘지도 12개뿐인 유방으로 15마리까지 새끼를

1875년 『펀치』지에 게재된 다윈의 캐리커처

먹이니 유방과 새끼의 수가 비례하지는 않는다. 그러나 만약에 암소가 자신이 먹여야 할 새끼보다 더 많은 수의 유방을 갖고 있고, 암퇘지가 새끼의 수에 못 미치는 수의 유방을 갖고 있다면 하나는 인간에게 남는 젖을 주어야 한다는 뜻이고, 다른 하나는 그 새끼들에게 주어야 한다는 뜻이다."

다윈은 이런 논증에 대해 "그 아름다운 물건들이 인간의 쾌락을 위해 창조된 것이라면 인간이 이 무대에 등장하기 전에는 지구가 지금보다 아름답지 않았다는 사실을 증명해야만 할 것이다"라고 해학을 담아 비판했다. 특히 다윈이 신의 개입에 의문을 제기하게 된 데는 몇 번의 계기가 있었다. "나는 자비롭고 전능한 신이 살아 있는 애벌레의 몸속에서 먹이를 찾는 맵시벌[1]이라든가 쥐를 데리고 놀아야 하는 고양이를 특별한 의도를 가지고 도안에 그려 넣었다는 사실을 믿을 수가 없다."

그러나 그의 관심을 끌었을 법한 또 다른 논리는 유기체의 복합성에 관한 것이었다. 1802년에 출간된 『자연 신학Natural Theology』에서 윌리엄 페일리William Paley 신부는 해변에서 발견한 시계를 예로 들어 설명했다. 그는 누가 그 시계를 만들었는지 몰라도 섬세한 톱니바퀴나 그것이 작동되는 모습을 보면 이 물건을 설계하고 제작해 정확한 시간을 알려준 위대한 시계공의 존재를 증명할 수 있다고 생각했다. 하물며 시계도 그러할진대 그보다 더 복잡한 구조를 가진 유기체인 동물은 당연히 전능한 존재가 자연 속에서의 일정한 역할을 의도하고 창조한 것이라는 주장이었다.

페일리는 눈을 예로 들어 설명했는데, 다윈은 여기에 주목했다. "원근에 따라 초점을 조절하고, 변화하는 빛의 양을 수용하며, 구면수차와 색수차를 교정해주는, 한마디로 누군가 감히 흉내 낼 수도 없는 자질을 가진 이 눈이 자연 선택을 통해 만들어졌다는 것은 정말 터무니없는 주장이다. (…) 만약에 눈이 그렇게 만들어졌다면 단순하고 불완전한 눈과 복잡하고 완벽한 형태의 눈 사이에 여러 점진

---

1 다른 곤충의 배 속에 알을 낳는 기생 말벌.

적 단계가 존재하며, 모든 중간형의 눈이 그것을 소유한 생물에게 유익하게 작용했고, 게다가 눈이 여러 형태로 변이되었을 때 이 변이가 유전되었다는 사실을 증명해야 한다. 변화하는 생존 조건 속에서 이 변이가 그 동물에게 결과적으로 유익한 것이었는지도 증명해야 하기 때문에 복잡하고 완벽한 형태의 눈이 자연 선택에 의해 만들어졌다는 것은 우리의 상상력으로 불가능한 일이며, 우리 이론을 위협할 만한 요인이 되지 못한다."

다윈은 눈이 완벽한 우연에 의해 생겨난 것이라고 생각하지 않았다. 수많은 소소한 수정 사항이 모여, 다음 단계로 넘어갈 때마다 생존에 유리한 사항이 조금씩 추가되면서 천천히 만들어졌을 것이라 추측했다. 또한 그는 현생 종 가운데서 모든 중간형을 찾아볼 것을 제안했고, 실제로 그것이 존재했다! 감광성 세포 정도만 갖춘 일부 박테리아들의 눈에서부터 가리비나 해파리의 아주 기초적인 형태의 눈을 거쳐 문어나 포유류가 가진 복잡한 기관에 이르기까지, 눈의 형태가 점점 복잡해지는 것을 관찰할 수 있다.

게다가 페일리가 주장한 것과 달리, 인간의 눈은 완벽한 기관이 아니다. 다윈은 물리학자 헤르만 폰 헬름홀츠Hermann von Helmholtz의 말을 인용해 "어떤 안경사가 이렇게 엉망진창인 장비를 나에게 팔려고 한다면 나는 그 장비를 돌려보낼 것이다"라고 이 사실을 강조하기도 했다. 이러한 결점들은 이 장비가 누군가에 의해 고안된, 여러 부속품으로 만들어진 것이 아니라 많은 한계 상황을 겪으면서 조금씩 다듬어진 것이며, 원하는 방향이 아니라 가능한 방향으로의 개량이라는 제재를 통해 과거로부터 물려받은 형태들로 이루어졌다는 것을 의미한다. 오늘날 페일리의 시계공 이론이 더 잘 알려지면서 눈의 진화 과정에서 생긴 돌연변이들을 이론적 모델로 삼을 수 있게 되었다.

창조주의와 지적 설계

지금도 일부 국가에서는 여전히 **창조론**이 우세하다. 미국 공화당의 경우에는 **진화론**을 거부한 채, 명시적으로 창조주의에 기반을 둔 교과 과정을 옹호하고 있다! 학생들에게 진화론적 견해와 '성경 이론'을 동시에 가르치고자 하는 종교근본주의자들은 생물사 교육에 대해 주기적으로 문제를 제기하기도 한다. 창조주의자들은 자신의 속죄를 위해 수많은 소송을 제기했고, 최근에는 같은 취지의 법안을 제출하기도 했다. 소송을 통해 국가적인 반향을 일으키기도 했지만, 결과는 늘 기각이었다. 사실 미국 의회는 완전한 신앙의 자유를 보장하기 위해 모든 종교 교육을 금지하고 있는데, 판사들은 이것을 과학이 아니라 신앙과 관련된 것이라고 보았기 때문이다.

이 문제는 지금까지도 매우 민감한 사안으로 남아 있으며, 창조주의자들은 막대한 자산을 가진 단체로부터 지원을 받고 있다. 켄터

키주와 텍사스주에 매년 몇십만 명의 관광객이 찾는 '창조박물관'이 세워진 것도 같은 이유에서다. 사람들은 이곳에서 지구의 나이가 6,000살이며, 공룡들이 대홍수나 수렵에 의해 소멸되기 전에 이미 인간은 그들 곁에서 살고 있었을 수도 있다는 사실을 '발견'하게 된다. 하지만 이는 공룡이라는 테마가 미국에서 큰 인기를 끌면서 성경 이야기에 편입시킬 수밖에 없어서였을 것이다!

프랑스와 일본 국민의 80%가량이 인류의 조상이 동물이라고 생각하는 것을 보면, 이쪽의 상황은 사뭇 다르다고 볼 수 있다. 유럽 신교도 대부분은 성경 말씀이 지구의 역사를 글자 그대로 묘사한 것은 아니라고 인정하며, 구교도 신자들은 오래전부터 성경이라는 기준을 버린 지 오래다. 1996년에는 교황 요한 바오로 2세가 교황청 과학원 앞에서 이렇게 말하기도 했다. "새로운 지식을 통해 저는 진화론이 단순한 가설, 그 이상임을 인정하게 되었습니다. 이렇게 다양한 지식 분야에서 일련의 사실들이 발견된 다음에야 연구자들이 이 이론을 받아들이게 되었다는 점이 사실 놀랍습니다. 누군가 부추기거나 의도하지 않은 상태에서 개별적으로 수행한 작업의 결과가 하나로 수렴된다는 점 자체가 이 이론을 지지하는 중요한 논거가 된다고 생각합니다."

사우디아라비아에서도 진화에 관한 교육을 금지하고 있는데, 이는 이슬람교도를 비롯한 다른 종교근본주의자들이 창조주의를 지지하기 때문이다. 그러나 다른 나라에서는 과학과 종교를 양립시키

« 과학에서 말하는 '사실'이란 '잠정적으로라도 그것에 동의하지 않으면 사고가 비뚤어진 사람으로 비칠 정도로 확고한 것'을 의미한다. 땅에 떨어진 사과가 다시 나무로 올라갈 가능성을 염두에 두는 사람에게는 물리학 수업이 쓸모없는 것처럼 말이다. »

스티븐 제이 굴드, 1994

려는 '화합주의적' 입장이 지배적이다. 파키스탄의 경우에는 일반적으로 몇억 년에 걸쳐 동물이 진화했다는 사실을 받아들이고 있지만, 인간만큼은 성경에 나온 것처럼 신이 현재 형태로 창조했다고 생각한다.

다윈주의는 무신론적 유물론의 선전 수단으로 여겨져 서양 사회의 인종주의와 우생학의 기원으로 비난받는 일이 빈번했다. 이슬람교와 신교도의 창조주의가 인터넷상에서 많이 회자되는 이유는 진화가 인간의 기원에 관한 믿음, 그리고 비판적이고 합리적인 사고의 습득을 원칙으로 하는 과학 교육과 연관된 매우 민감한 주제이기 때문이다.

프랑스에서는 중고등 교육을 받는 학생들 가운데에서 가끔 반다윈주의적인 입장을 내세우는 경우를 볼 수 있는데 이는 그들의 종교에 반하는, 듣기조차 금지되어 있는 진화론에 대한 모든 언급을 거부하기 위한 행동이라고 볼 수 있다! 이러한 과격파 창조주의는 정치, 종교적인 도구로 사용되었으며, 이를 지지하는 이들은 음모론에 가까운 신앙의 영향을 받아 과학자와 기자들이 진화론을 뒷받침하기 위해 화석을 만들어낸다고 비난하기도 했다.

진화론도 '하나의 이론'이기 때문에 이에 대해 종교적 혹은 개인적인 이견이 있다면 그것이 무엇이든 제시할 수 있다. 그러나 직접적인 의견 대립을 피하기 위해서는 우회적인 질문을 통해 논제를 더욱 명확하게 만들어주는 철학 강의 방식을 이용하는 편이 나을 것 같다. 우리가 그것에 대해 알게 된 경위는 무엇인가? 우리가 가진 지식은 어디에서 연유하는가? 믿는 것과 아는 것을 어떻게 구분하는가? 등의 질문 말이다.

과학적 이론이란 무엇인가?

반진화론자들은 '이론'이라는 말이 가진 모호함을 잘 이용하는 편이다. 이는 일상생활과 실험실에서 쓰이는 이 용어의 의미가 다르기 때문에 가능한 일이다. 예를 들어 '인플레이션이나 고양이, 외계인 등에 대한 나만의 이론이 있다'는 의미로 사용될 경우, 일상생활에서 말하는 이론은 단순한 의견을 의미한다. 이러한 의견이 지지를 받는 경우도 있지만 늘 그렇지는 않다.

그러나 과학자가 자신의 생각을 실험이나 관찰로 검증할 수 있다면 그것은 이론이 아니라 가정, 더 나아가 가설이 된다. 과학적 의미에서의 이론은 가설 이상의 의미를 가지는 셈이다. 이것은 논리적으로 잘 정리된 명제의 합을 의미하며 우리는 이를 통해 현실 세계의 한 부분을 이해할 수 있게 되는 것이다. 실례로 판 구조론의 경우에는 대륙의 형태와 해양판을 구성하는 암반의 나이, 지구상에 위치한 화산의 분포 상태를 이해하는 데 도움이 된다. 하나의 이론으로 관찰과 실험, 이미 입증된 명제, 아직은 입증이 필요한 가설, 이 모든 것을 알맞은 틀에 넣을 수 있는 셈이다.

따라서 이론은 해당 논제에 관한 연구 계획과 더불어 일부, 더 나아가 전체 내용을 뒤흔들 만한 실험까지 아우르는 개념으로도 볼 수 있다. 천체물리학 분야에서 아인슈타인의 상대성이론으로 인해 뉴턴의 중력이론이 힘을 쓰지 못하게 된 것도 같은 맥락이다. 물론 그렇다고 해서 뉴턴의 중력이론이 통용되지 않는 것은 아니며 "중력이론은 하나의 이론에 지나지 않는다"라고 말할 사람은 없다.

창조주의자들의 말 대부분은 믿음, 즉 검증할 수 없는 내면의 신념에 기반하고 있다. 반대로 과학적인 지식은 단순한 의견이 아니다. 모든 가설은 실험에 의해 검증되어야 하며, 그렇지 않을 경우에는 효력을 상실한다. 이때 검증에 사용된 방법은 다른 연구팀도 재현할 수 있어야 한다.

이런 면에서 봤을 때 진화론은 '단순한 가설'이 아니다. 왜냐하면 이것은 고생물학, 동물학, 식물학, 유전학, 발생학, 분자생물학 등과 같은 여러 학문 분야를 아우르는 것으로서 합리적인 개념의 틀을 제공하기 때문이다.

토론이 허용되는 민주주의 사회에서 엄밀한 의미의 창조주의는 거센 반론에 맞닥뜨릴 수밖에 없다. 창조주의는 지난 2세기 동안 모든 과학 분야에서 수행해온 연구에 대한 깊은 무지, 그리고 과학적 사고와 그 방식에 대한 명백한 몰이해에 기반을 두고 있다. 창조주의는 세포 속에 작용하고 있는 분자 메커니즘뿐 아니라 화석의 나이와 관련해 매일같이 새로 발견되는 사실들과 충돌하고 있다. 모든 이성적인 추론에 대해 귀를 닫고 눈을 감는 창조주의는 지구가 평평하다고 주장하는 이들만큼이나 강하게 현실을 부인하는 셈이다!

창조주의는 내부의 반론과도 맞서야 한다. 이는 세상이 진화의 증거들로 채워져 있는 것은 신의 자발적인 의지였다는 사실을 받아들이지 못하는 일부 신자들 때문에 발생한다. 과학적 사실의 진실성을 인정하고, 처음 세상을 창조한 것은 신이지만 그 후 오랜 시간에 걸친 진화를 통해 인간을 비롯한 현생 생물들이 생겨났다고 생각하는 편이 더 일관성 있어 보인다. 이것이 바로 가톨릭 신자인 과학자들이 취하는 입장이기도 하다.

그러나 이러한 시각은 매우 다양한 해석을 낳았다. 그 결과 역사의 초반, 우주 창조와 같은 단계에는 신이 개입했다고 믿지만 그 이후에는 과학적으로 밝혀진 지식을 지지하는 이들도 있고, 두 분야를 명확히 구분하지 않은 채 진화를 이끈 것은 신이며 지금도 그것이 계속되고 있다고 믿는 이들도 있다.

미국에서는 1980년대부터 **지적 설계**라 불리는 이러한 견해가 힘

« 유기체의 변이나 자연 선택의 작용에는 바람의 방향만큼이나 예상된 계획이 없는 것 같다. »

찰스 다윈, 1876

을 얻기 시작했다. 지적 설계를 옹호하는 이들은 고의적으로 이 표제어 속에 신을 상징하는 말을 쓰지 않았다. 그들의 생각이 진화론과 동일한 지위를 갖는 과학적 이론으로서 교육되기를 바랐기 때문이다. 사실상 지적 설계는 전문 출판물이나 학회를 통해 과학이라는 탈을 쓰고 진정한 과학 분야와의 토론 기회를 엿보고 있는 것이다.

그들이 내놓는 주요 논거 가운데 하나는 전에 윌리엄 페일리가 사용했던 '생명체의 타협을 모르는 복잡성'이다. 그러나 눈을 예시로 든 것이 설득력을 잃자 폭탄먼지벌레의 소화 체계에서부터 박테리아의 편모 회전 장치에 이르는 다른 예시들을 내세웠는데, 여기에는 이 기관들이 여전히 자연 선택과 돌연변이라는 단순한 과정을 통해 만들어지기에는 너무 복잡하다는 생각이 깔려 있었다. 그러나 생물학자들은 자연 속에서 그 예를 찾아 이 모든 예시의 중간형이 있을 수 있고, 그 기능 또한 수행할 수 있다는 사실을 증명했다.

더 깊이 살펴보면 지적 설계는 과학 분야에서 유리한 고지를 차지하려는 의도로 만들어진 개념이지만 과학의 틀 밖으로 밀려날 수밖에 없다. 왜냐하면 이를 옹호하는 이들에게는 신이 진화를 조종한다는 것을 보여주겠다는 정확한 목표가 있기 때문이다. 과학은 원칙적으로 비물질적인 현상에 근거한 설명을 제시할 수 없는 분야이므로 진화에 대한 신의 개입 여부도 증명할 수 없다. 어쩌면 이것은 신이 개입하지 않았다는 것을 증명하는 것보다 더 힘들 수도 있다.

학문이란 어떤 상황에서든 자신이 증명하고자 하는 것을 미리 단정 짓지 않는 것이기도 하다. 2005년 당시 지적 설계론을 정식 교육 과정에 편입시키기 위한 법정 다툼에서 사건을 맡았던 담당 판사가 이것이 과학적 이론이 아니라 종교적 견해를 다룬 사안임을 재차 강조한 것도 이런 이유였다.

7장

내일, 다윈주의

오늘날의 다윈주의는 진부하고 시대에 뒤처진 구식 이론인가? 다윈주의는 연구실에서 증명된 이론이 아니다. 연구실에서는 다윈이 제시한 여러 생각 중 일부를 가지고 새로운 연구의 실마리를 찾았을 뿐이다.

오늘날의 진화론에 대해 전반적으로 다시 생각해볼 필요가 있는가? 이론이 성립된 이후 비약적인 발전을 거듭해온 다윈주의인데 당시의 이론에 대해 왈가왈부할 수 있는가? 이것이 바로 2014년, 권위 있는 과학 잡지 『네이처』에 실린 내용이다. 질문에 대한 답이 간단하지 않았던 만큼 연구자들의 의견도 분분했다. 과학철학자 장 가용Jean Gayon을 비롯한 일부 연구자들은 "다윈주의의 두 가지 기본 원리(선택과 변이에 의한 계보)가 여러 분야에 널리 적용되면서 그 기본 원리가 수정되었다"고 생각했지만 그래도 다윈주의의 틀은 여전히 유지되고 있다. 어떤 이들은 발달 현상에만 초점을 맞춰 다윈주의를 '확장된 종합론'이라고 마음대로 부르기도 한다.

아직 살아 있는 이론

다윈주의라는 용어는 『종의 기원』이 발표된 직후인 1860년에 토머스 헉슬리가 제안한 것으로, **진화론**이라는 용어를 사용하기 전에 진화론자들의 생각을 지지한다는 의미로 사용되었다. 20세기에는 **유전학**과 **자연 선택**을 결합한 **신다윈주의**라는 용어가 더 많이 쓰였다 (3장 참조). 하지만 다윈의 생각이 진화론에 고스란히 담긴 것은 아니었다. 예를 들어 라마르크가 주장한 것으로 알려진 **획득 형질**의 유전은 다윈도 인정했다. 또한 생식세포가 형성되는 과정을 밝혀 유전 현상을 설명하려 했던 **범생설**이라는 다윈의 가설은 철저히 외면받았다.

진화론은 오늘날에도 여전히 살아 있다. 대다수의 생명과학 연구자가 진행하는 실험과 직접적인 연관은 없더라도 연구의 배경, 즉 큰 틀로서 수많은 과학자의 연구에 영향을 미치기 때문이다. 19세기부터 연구의 판도가 바뀌었는데, 분자생물학의 영향력이 커지면서 비교해부학이나 계통학, 적어도 분류학과 같은 대학의 연구 분야들이 쇠퇴하는 결정적인 계기가 되었다.

그러나 동물들의 삶의 조건과 더불어 진화의 과정을 관찰하는 것은 여전히 중요한 일이다. 10여 년간 갈라파고스 제도의 핀치새를 통해 자연 선택을 연구한 것도(84쪽 '적응 방산' 참조), 스코틀랜드의 럼섬에 격리된 사슴 개체군의 성 선택에 관해 연구한 것도 이런 과정의 결과물이기 때문이다. 이는 관찰을 넘어선 실험을 통해 일부 가설, 특히 진화의 속도에 관한 가설의 진위 여부를 확인한 셈이다.

« 다윈의 혁명은 우리가 교만함을 버려야만 끝날 수 있다. (…) 호모 사피엔스는 울창한 생명의 나무에 최근에야 모습을 드러낸 잔가지에 불과하다는 사실을 인정해야 한다. »

스티븐 제이 굴드, 1996

아놀도마뱀속의 예를 보자. 이 도마뱀은 플로리다에 있는 섬으로 서식지를 옮겼는데, 그곳에서 기존에 서식하던 근연종과 마주쳤다. 이 근연종은 아놀도마뱀속이 접근하기 힘든, 더 높은 나뭇가지로 옮겨 가는 등 전에 없던 행동을 보였다. 그 후 20차례 가까이 세대교체를 거치면서 확연히 넓어진 손가락을 갖게 되었고, 더 얇은 잔가지로 이동해서 적응해나갔다. 포다르치스종*Podarcis*에 속하는 다른 도마뱀들은 1971년 아드리아해의 섬에 도착했는데, 2004년에 관찰된 그들의 후손은 조상 종보다 훨씬 몸집이 크고 행동이 느렸으며 일부는 내장이 해부학적으로 적응하면서 채식을 하게 되었다.

엄니 없는 코끼리

아프리카에서는 엄니 없는 코끼리가 점점 늘고 있다. 이러한 변화는 엄니의 하나인 상아를 빼가는 밀렵 활동과 관계있다. 우리는 언론을 통해 "코끼리들이 밀렵꾼으로부터 자신을 보호하기 위해 엄니를 만들지 않는다"거나 "연구자들은 아프리카코끼리에게 엄니 없이 태어나는 유전적 돌연변이가 발생할 것을 예견했다!"는 등의 설명을 접한다.

그러나 연구자들이 이런 말을 했을 리는 만무하다! 이러한 진술은 코끼리들이 엄니를 갖지 않는 것이 유리하며, 밀렵꾼으로부터 자신을 보호하기 '위해' 돌연변이가 생겼다고 해석될 여지가 있다. 이러한 '목적론적' 설명은 전형적인 라마르크주의적 개념이며 명백해 보이지만 틀린 개념이다.

사실상 이것은 선택(이 경우, 자연 선택에 의한 것이라고만은 할 수 없다)의 한 예라고 볼 수 있다. 돌연변이로 인해 엄니가 사라지는 것은 오래전부터 있어온 일인데, 이러한 돌연변이 코끼리는 사실 일상생활에서 불리한 점이 더 많았기 때문에 널리 전파되지 않은 것이다. 오늘날 밀렵꾼들이 엄니를 가진 코끼리들만 잡아 죽이는 바람에 이들의 후손이 적어졌고, 남은 코끼리들이 살아남아 번식하다보니 이 돌연변이를 자손에게 물려준 것이다. 이처럼 엄니 없는 코끼리의 비율은 급속도로 증가하고 있다. 향후 몇십 년간은 엄니를 희생해야 아프리카코끼리가 생존할 수 있는 상황이 될 것이다.

여기서 말하는 현장 실험은 개체별 DNA 분석이 동반되어야만 완성된 것으로 볼 수 있으며, 이는 유전자 차원에서의 진화를 이해하기 위한 것이다. 또한 연구자들은 개체군의 구조에 대해 수학적 모델을 만드는 기법을 사용하는 데 게임 이론에서 빌려온 개념을 사용해 동물들의 행동 전략을 분석하는 것이다. 이러한 **행동생태학**은 진화와 생태계 역학 분석을 접목시킨 학문으로 볼 수 있다.

진화론과 오랫동안 거리를 두었던 **발생학**도 이 경우에 해당하는데, 그 가운데 한 분야인 **진화발생생물학**은 이보디보evo devo라는 귀여운 이름으로 불리고 있다. 시간의 흐름과 함께 유전자의 발현 양상이 바뀌면서 기관의 모습까지 변한 경우들만 봐도 종의 진화에서 발생이 가지는 중요성을 가늠할 수 있다(84쪽 '적응 방산' 참조). 오늘날 이보디보는 진화와 관련된 학문 가운데 특히 활발하게 연구되고 있다.

후성설, 라마르크주의의 재현인가?

동식물(물론 인간도 마찬가지다)의 모든 세포는 유전적으로 동일하다. 그러나 각각의 기관은 근육세포나 신경세포, 장세포, 난세포, 정자세포 등 전혀 다른 세포로 구성되어 있다. 따라서 DNA라고 여겨지는 '유전자 프로그램'은 한 세포의 미래를 결정짓기에 역부족이다

(93쪽 '그것은 DNA에 새겨져 있다!' 참조).

세포 분화는 그 주변뿐 아니라 개체 자체, 혹은 세포 계보에 있는 유전자가 어떻게 발현되느냐에 따라 결정된다. 사실상 각각의 세포 표본을 가지고 유전자의 일부분은 잠재우고 다른 부분은 발현되도록 하는 것이다. 그렇게 하면 동일한 게놈일지라도 형태와 기능이 다른 세포들을 만들게 된다. 여기서 세포는 마치 깃발 신호처럼 유전자에 분자 하나를 얹어 활동을 제지하거나 지시하는 기술을 사용한다. 여기에 쓰인 깃발의 특성에 따라 메틸화와 아세틸화로 구분하는데, 일반적으로 메틸화는 유전자의 불활성화로 이어진다. 그러나 이 신호의 효과는 사용된 유기체의 유형이나 유전자의 특성, 심어진 깃발의 수에 따라 매우 달라진다!

어떤 현상이든 개입해 이러한 신호를 만들거나 폐기할 수 있는데, 영양실조나 스트레스 같은 환경적 요인이 여기에 해당한다. 대부분의 경우 이 신호는 생식세포가 형성되는 동안이나 수정되는 순간, 혹은 배아의 초기 분할 시 다시 원상태로 돌아간다. 그러나 이 리프로그래밍에 대해 다른 유전자보다 더 강한 내성을 갖는 유전자의 경우에는 유전자 신호가 여러 세대에 걸쳐 보존되기도 한다.

다시 말해 획득 형질을 후손에게 물려줄 수 있다! 스트레스에 노출된 쥐가 자손들에게 자신이 겪은 생리적 변이를 전해줄 수 있으며, 이때 일부 유전자의 발현 정도가 달라진다는 것을 관찰한 바 있다. 인간에게서도 그 예를 찾을 수 있다. 기근 상황에 놓인 부모의 적응력에 따라 아이들도 부모와 같은 특성을 보인 것으로 나타났다.

후성유전이라 불리는 유전 현상은 잘 알려져 있지 않지만 '고전적' 방식의 유전자 전달에 대해 우리가 알고 있는 지식을 확장시켜줄 수 있는 메커니즘처럼 보인다. 라마르크주의가 부당하게 버림받았다고 생각하는 이들은 이를 라마르크주의의 설욕전이라 보기도 한다. 그러나 후성유전학이 진정으로 의미하는 것은 라마르크주의에서 말하는 진화가 아니다. 우선, 이러한 유전적 특성에는 가역성이 있고, 단기간에만 영향을 미치는 것으로 보인다. 게다가 유전 형질이 자손들에게 반드시 유리하게만 작용하지는 않는다. 이 유전 형질은 이제 더 이상 예측 불가능한 돌연변이처럼 작용하는 것이 아니라 선택의 기준이 된다.

후성적 변화는 환경적인 스트레스에 의한 DNA의 돌연변이 발생 확률에도 영향을 미칠 수 있다. 불리한 조건들로 인해 오차복사를 바로잡을 수 있는 DNA의 능력이 감소하고 돌연변이의 출현에 유리한 조건을 만들기도 한다. 물론 돌연변이는 부정적인 경우가 많지만 때로는 유용한 경우도 있다. 여기서 환경이 유전자에 영향을 미친다 해도 그것은 새로운 조건에 적응하도록 직접 영향을 주는 것이 아니라 변이성을 증가시키는 것에 불과하다.

따라서 이는 다윈의 '돌연변이-선택' 도식에서 벗어나지 않는 것이다. 후성유전은 게놈에 대한 생각을 바꾸는 데 일조했다. 게놈은 이미 결정된, 바꿀 수 없는 것이 아니라 주변 환경과 예측 불가능한 과정에 의해 좌지우지되는 확률성이라는 틀에서 움직인다고 생각하게 만든 셈이다.

장자크 쿠피엑Jean-Jacques Kupiec 같은 일부 생물학자들은 자연 선택이 분할 단계에 있는 세포, 즉 배아 속까지 영향을 미친다고 주장한다. 계획대로 배아가 형성될 수 있도록 도와주는 엄밀하게 정해진 '유전 프로그램'을 실행하는 대신, 세포들은 그들의 유전자 발현을 우연에 맡기고, 결과적으로는 총력을 기울여 RNA와 단백질을 만든다. 거기에 선택 과정이 개입하면 어떤 세포 계보에는 유리하게 작용하고, 나머지 세포들은 제거됨으로써 안정적인 배아의 구조를 만든다. 종의 진화를 개체에 적용한 이 새로운 개념을 **계통개체발생학**이라고 한다.

우리의 네안데르탈인 유전자

연구자들은 후성유전적 메커니즘처럼 특별한 유전 형태에 점점 더 많은 관심을 가지게 되었다. 예를 들면 유전자 이동(98쪽 '유전자 이동' 참조)이나 다른 종과의 교배로 중간형을 만들어내는 **이종 교배** 같은 것 말이다. 그러나 식물의 이종 교배 연구에 비해 동물의 이종 교배(다른 종과의 생식) 연구는 활발히 이루어지지 못했다. 그것은 아마도 동물 간의 이종 교배가 매우 한정적인 진화 형태만을 허용할 수 있는 것처럼 보이기 때문일 것이다.

동굴 벽화에서도 볼 수 있고 실제로 오늘날 동유럽에서도 볼 수 있는 유럽 들소는, 멸종된 스텝 들소와 현생 소의 조상인 오록스 사이의 잡종이다. DNA 분석 결과에 따르면 유럽 들소가 탄생한 것은 12만 년도 더 전 일이다.

유전자 이동과 마찬가지로 이종 교배는 진화의 '가지' 모델에 포함되지 않는다. 왜냐하면 이들은 기존의 두 종이 합쳐져 만들어진

유럽 들소의 이종 교배

새로운 종이기 때문이다. 잡종의 수가 많지는 않지만 그것에 주목하는 이유는 인간이라는 우리 종 또한 이종 교배를 통해 형성된 것으로 보이기 때문이다.

오늘날에는 선사시대 인류의 유전자도 해독할 수 있는데, 실제로 라이프치히에 있는 막스플랑크 진화인류학연구소Max Planck Institute for Evolutionary Anthropology 연구원들이 약 40만 년 전 것으로 추정되는 DNA 단편의 염기서열을 밝혀냈다. 그 가운데 네안데르탈인의 유전자가 특히 이목을 끌었는데, 이 선사시대 인류는 지금으로부터 50만~80만 년 전에 아프리카의 공통 선조로부터 갈라져나온 인류 후손의 한 가지였다. 그들은 아프리카를 떠나 유럽과 중앙아시아에 정착했으며 아프리카와 아시아 나머지 지역에 정착했던 호모 에렉투스를 비롯한 다른 인류와 차별되게 진화했다.

네안데르탈인의 뼈에서 채취한 DNA를 우리의 것과 비교해 우리 게놈의 일부, 평균 약 2~4%가 네안데르탈인에게서 온 것임을 밝혀냈다. 이것은 비아프리카계 인구만 계산했을 때의 경우이다. 연구원들에 의하면 아프리카에서 온 호모 사피엔스와 유럽에서 온 네안데르탈인 간의 이종 교배가 이루어진 것은 5만~10만 년 전 일이라고 한다. 우리 인간이 네안데르탈인과 완전히 동일한 유전자를 가지고 있는 것이 아니므로 현생 인류가 가진 유전자의 합은 네안데르탈인이 기존에 가지고 있던 게놈의 20% 이상을 차지하는 셈이다.

여기에서 심층 분석이 이루어지면서 현생 인류에게서 자주 발견

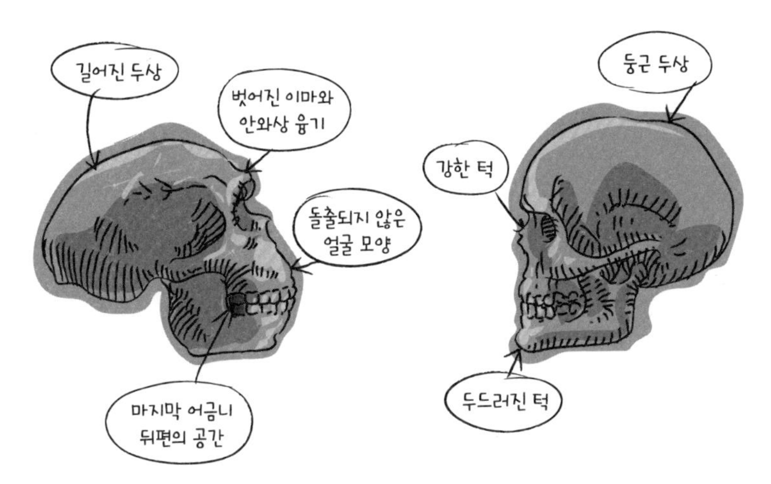

네안데르탈인의 두상(왼쪽)과 현대 인류인 호모 사피엔스의 두상(오른쪽)

되는 다른 유전자와 달리 네안데르탈인의 유전자는 일관성 있게 우리의 게놈에서 사라진다는 사실이 밝혀졌다. 이를 통해 유용한 유전자는 보존되고 그렇지 않은 유전자는 자연 선택에 의해 소멸되었다는 사실을 추론해볼 수 있다. 그 가운데 가장 흔한 유전자는 우리의 피부와 모발을 구성하는 주요 단백질인 케라틴 합성에 관여하는 유전자와 면역체계와 관련된 유전자인데, 그 덕분에 현대 인류가 유럽에서 맞닥뜨린 병균이나 기생충에 내성을 갖게 되었다. 그러나 이 케케묵은 유전자들을 갖고 있다고 해서 항상 유리한 것만은 아니다. 이 유전자를 소유함으로써 피부병이나 비만이라는 대가를 치러야 할 수도 있기 때문이다.

반대로 X 염색체(이 염색체는 성별로 개수가 다르다. 여성들은 X 염색체

« 절대로 인간의 기원을 밝힐 수 없다고 확신하는 사람을 자주 본다. 그러나 나는 이러한 무지를 통해 지식만이 확신을 줄 수 있다는 것을 깨닫는다. »

찰스 다윈, 1871

2개를 가지고 있으나 남성들은 Y 염색체와 결합된 X 염색체 1개를 갖는다)에 있는 유전자나 고환에서 발현된 유전자처럼 찾기 힘든 것들도 있다. 잡종의 경우에는 생식력이 떨어질 수 있으므로 반은 네안데르탈인이고 반은 사피엔스인 중간형의 골격이 거의 없는 이유가 설명되는 셈이다. 둘 간의 교류도 활발하지 않고 생식력도 떨어지지만, 이는 우리 조상들이 몇십만 년 동안 아프리카보다 일조량이 현저히 적은, 다른 환경에서 진화해온 네안데르탈인의 유전자를 갖기에 충분했다.

현생 인류의 일부, 즉 멜라네시아나 호주 출신 개체군들은 네안데르탈인과 동시대에 살았던 고생 인류의 하나인 데니소바인에게서 물려받은 유전자를 갖고 있다. 일부 뼈 화석으로 그들의 존재를 확인하긴 했지만 그들의 DNA가 네안데르탈인(그리고 우리)의 DNA와 뚜렷하게 구분된다는 사실만큼은 확인할 수 있었다. 데니소바인 DNA의 특징적 유전자는 오늘날 티베트인들의 몸속에 남아 고산 지대 생활에 적응하는 데 큰 도움을 주고 있다.

이브의 유전자

현생 인류의 기원이 우리의 큰 관심사인 것은 틀림없는 사실이지만, 그렇다고 다른 분야의 연구가 지지부진한 것은 아니다. 최초의 진핵세포, 즉 내핵 안에 DNA를 갖고 있는 복합적 형태를 가진 동식물 세포의 기원을 밝혀내려는 연구가 그에 해당한다.

당시 세상에는 현재의 박테리아와 유사한, 원핵세포로 이루어진 미생물밖에 없었는데, 그들 가운데 일부가 매우 특별한 공생관계(일부 세포가 다른 세포 안에 자리 잡는 세포 내 공생)를 형성한 것으로 보인다. 사실 우리 몸속 세포에는 에너지 생산에 결정적인 역할을 하는 소시지 모양의 작은(1mm의 1000분의 1에 해당하는 길이) 구조물, 미토콘드리아가 있다. 이 미토콘드리아에는 DNA의 일부가 들어 있고, 그 유전자들은 세균성 유전자와 유사하다. 따라서 이 동식물 세포들은 고세균이나 진정세균과 같이 다양한 기원을 가진 세포들 간의 공생관계에서 나온 것이라는 사실을 파악할 수 있다.

미토콘드리아는 진화 연구에서 또 하나의 시사점을 제시한다. 사실 미토콘드리아는 난세포에도 들어 있는데 그 유전자는 엄마에게서 딸로만 전달된다. 수정되는 순간 정자세포는 자신의 미토콘드리아를 거의 매번 잃어버리기 때문에 이것은 여성에게만 해당되는 특별한 유전 형태인 것이다. 모든 인류가 가진 이 미토콘드리아 DNA는 약 15만 년 전에 살았던 이브 미토콘드리아(물론 이것이 모든 현생 인류의 조상이라고는 할 수 없지만, 유전자 계보는 개체적 계보를 의미하는 것이 아니기 때문이다)라 불리는 공통 조상에게서 기원한다!

진화의 흔적

이 특별한 유전 형태에 관한 연구가 진행되는 동안 생물학자들은 진보된 기술을 이용해 유전자와 뉴클레오티드를 하나하나 비교하며 몇천 명이 가진 게놈의 염기서열을 맞추었다. DNA의 모든 돌연변이를 빈틈없이 검사하다보면 영양이나 질병의 내성과 같은 핵심 분야에 관련된 우리의 유전자 내에서 언제 그리고 어떻게 자연선택이 이루어졌는지 파악할 수 있기 때문이다.

인류의 진화는 조상으로부터 물려받은 몸의 구조와 새롭게 획득한 능력 간 타협의 결과이다. 따라서 오늘날 우리가 겪는 요통은 문명에 의한 고통일 수도 있으나 어쩌면 3억 5,000만 년 동안 사족보행(말이나 호랑이도 요통이 있을까?)을 하던 인류가 몇백 년간 이족보행을 하면서 겪는, 피할 수 없는 문제일지도 모른다. 우리 몸의 골격 변화로 인해 골반은 이제 복부의 모든 기관을 지탱하는 역할을 맡게 되었고, 그만큼 골반의 형태는 여러 가지 요소를 고려해서 만들어져야 했다.

호모 사피엔스의 두개골과 뇌는 호모 에렉투스의 그것에 비해 월등히 커졌는데, 이러한 뇌 용량의 증가는 간접적으로 두 가지 결과를 초래했다. 첫째, 출산 시 태아의 머리가 엄마의 골반을 통과해야 하므로 엄마에게는 출산의 위험성이 더 높아진다. 둘째, 몸집이 작은 아이를 조산해 출산 시 위험을 줄일 수 있으나 미숙아의 발생률이 증가한다. 인류진화학에서는 호모 사피엔스의 출현(약 15만 년 전)을 계기로 인류가 진화했다고 말하지만 사실상 진화는 그 후로도 계속되어왔다. 실제로 생물학자들이 골반의 크기와 관련해서 아주 최근(2,000년 이내)에 이루어진 선택의 흔적들을 찾아내기도 했다!

턱 크기가 감소하면서 초기의 호모 사피엔스들은 분명 사랑니에 대한 강한 선택 압력을 느꼈을 것이다. 사랑니가 제대로 나지 않으면 심각한 농양을 유발할 수도 있기 때문이다. 그 후로 사랑니에 대한 선택은 인류에게 도움이 되는 쪽으로 이루어졌고, 그것이 반복되다보니 오늘날에는 선천적으로 사랑니가 없는 사람이 많아졌다. 하지만 치과의사들의 노하우 덕분에 사랑니와 관련된 위험 요소들이 대폭 줄었기 때문에 사랑니가 완전히 소멸될 때까지 진화가 계속될 이유는 없다.

또한 인간의 키에서도 선택은 중요한 역할을 맡아왔다. 비교적 식량이 적고 척박한 환경이라 할 수 있는 북극지방이나 고온다습한 삼림지대에 서식하는 개체들의 키가 줄어든 것도 이 때문이다. 반면 최근 몇십 년 동안 주변 환경보다 식량 및 행동 변화의 영향을 받아 키가 커진 사례들이 전 세계적으로 관찰되기도 했다. 하지만 신생아 생존율의 증가 추이를 봤을 때 우리는 지속적으로 자연 선택의 영향을 받고 있다고 볼 수 있다.

인류의 진화와 함께 우리의 영양 섭취 방식도 변해왔는데, 우리의 조상인 호모 에렉투스는 최초의 호모 사피엔스가 등장하기도 전인 40만 년 전에 이미 식량을 익혀 먹었다! 인류는 영양이 더 풍부하고 소화하기 쉬운, 부분적으로라도 익힌 음식을 섭취함으로써 진화하게 된 것이다.

사실 전분이 풍부한 농작물을 섭취하기 시작한 것은 1만 년 전쯤인데, 이는 인류 진화사적 측면에서 보면 단기간에 해당한다. 그런 맥락에서 보면 우리는 전분을 쉽게 소화시킬 수 있는 이 새로운 체제에 대한 일종의 초기 적응 단계를 경험한 셈이다. 현생 인류의 게놈과 선사 인류의 뼈에 있던 DNA를 비교해보면 식량 변화 때문에 조상들이 느꼈을 선택 압력이 여실히 드러난다.

유당(락토스), 즉 우유에 들어 있는 주요 탄수화물의 신진대사에 관여하는 유전자들도 변화를 겪기는 마찬가지다. 이 유전자는 우유를 유일한 식량으로 삼는 신생아에게는 필수적이지만 우유를 섭취하지 않는 대부분 포유류 성년에게는 발현조차 되지 않는다. 반면 젖소나 염소, 양의 젖으로 끼니를 해결하던 1만 년 전(사육재배 초창기)만 해도 자연 선택은 우유 섭취와 관련된 유전자의 활동을 유지하는 방향으로 활발히 이루어졌으며, 이는 인간의 게놈 분석을 통해 밝혀진 사실이다. 그 덕분에 오늘날 인류의 절반은 성년이 되어도 유당을 소화할 수 있는 능력을 간직하게 된 것이다.

인류 조상들이 택한 새로운 목축생활 방식 때문에 예상치 못한 결과가 발생하기도 했다. 당시 마을 전반에 퍼져 있던 혼거 방식으로 인해 전염병이 발생했는데, 우리 몸의 게놈이 이 전염병에 대한 기억을 보존했고, 그것이 면역 방어 체계와 관련된 유전자의 변형을 초래했다. 이는 경작 활동이 우리의 유전자에 얼마나 놀라운 효과를 미치는지 잘 보여주는 예이다.

진화의학을 향하여?

진화의학은 20세기 말, 앵글로색슨 국가에서 먼저 등장했다. 의학계에서는 아직 미지의 분야로 통하지만 진화의학은 인간 종의 진화 역사를 통해 우리가 겪는 문제를 이해하고 그것을 치료하는 데 적용하고자 만든 학문이다.

인류는 탄생 시점부터 거의 모든 생애에 걸쳐 수렵·채취 생활을 했는데, 이는 흉년과 풍년처럼 질적인 면뿐만 아니라 양적인 면에서의 상황 변화를 야기시켰다. 당뇨나 비만처럼 오늘날 만연하고 있는 질병들은 어쩌면 부득이하게 단식을 해야 할 경우 그 시기를 잘 견디기 위해 지방이라는 형태로 영양분을 저장하던 방법에서 기인한 것이라 볼 수 있다.

그러나 식량 공급이 충분히 이루어지는 시기에는 우리 선조들의 이 소중한 능력이 큰 단점이 된다. 인류의 진화 속도보다 주변 환경의 변화 속도가 더 빠르다보니 이런 현상이 발생하는 것이다. 그런 점에서 보면 우리의 몸은 어마어마한 양의 당 섭취나 흡연에 무방비로 노출되어 있는 셈이다!

인류의 진화 역사는 우리가 '정상'이라고 여기는 수명에도 영향을 미쳤다. 본래 자연 선택의 목표는 개체의 생존보다 생식에 가까웠다. 부모가 될 나이가 되면 우리는 '생존을 위한 프로그램을 따를' 필요가 전혀 없는 것이다! 우리의 유전자를 복제하는 데 유용한 방법이라고 해서 반드시 그 개체의 생존에도 유리한 것은 아니기 때문이다.

진화의학의 또 다른 중요 연구 분야는 박테리아가 항생제에 내성을 갖는 방식을 분석하는 것이다. 병원이나 가정에서, 심지어 사육재배 시에도 항생제를 대량으로 사용하다보니 감수성주를 대체한 내성주가 선택된 것인데, 제2차 세계대전이 일어나는 동안 페니실린에 대한 최초의 내성 반응이 나오는 데 2년밖에 걸리지 않았던 사례만 봐도 이것이 어제오늘의 문제가 아님을 알 수 있다.

호기심을 자극하는 또 다른 연구들도 보인다. 일반적으로 종양은 돌연변이를 일으킨 하나의 세포로 무한정 분할이 가능하기 때문에 다른 세포들에 비해 유리한 위치를 차지하는 것으로 알려져 있다. 이렇게 형성된 세포군은 혈관 속에 있는 산소나 영양분과 같은 주변 자원을 독점한다. 이 세포들 내부에서 새로운 돌연변이가 나타나면서 혈액 순환과 영양 섭취를 자신에게 유리한 방향으로 전환하는데, 이것이 바로 예측 불가능한 돌연변이와 자연 선택을 동반한 전형적인 진화 과정이다. 이런 맥락에서 종양은 여러 유형의 돌연변이 세포들이 식량을 두고 서로 경쟁하는 하나의 생태계라 볼 수 있다.

이러한 개념은 종양 치료에도 영향을 미칠 수 있다. 사실 화학요법은 세포의 일부를 제거하는 효과는 있으나 그 치료에서 살아남은 종양은 항생제에 대한 내성을 가진 박테리아처럼 거침없이 증식하기 때문에 어떤 의사들은 종양을 안정화시키기 위해 치료 기간과 투약량을 줄이는 화학요법을 사용한 '적응요법'을 제안하기도 한다. 이것은 내성 세포와 계속해서 경쟁할 만한 양의 감수성 세포를 완전히 제거하지 않는 방법이다. 그러면 종양은 사라지지 않지만 화학요법에 대한 감수성이 유지되면서 안정화된다.

또한 **진화심리학**, 즉 우리와 매우 다른 환경에 처해 있던 조상들의 적응 과정을 통해 우리 행동의 기원을 찾고자 하는 학문 분야도 발달하고 있다. 진화심리학 연구자들은 인류의 진화사와 인간이 겪고 있는 주요 정신 질환 간의 관계를 파헤치고자 한다. 그 가운데 신앙 분야를 탐구하는 연구자들은 신앙이 명확한 욕구에 대한 직접적인 대답의 의미 혹은 다른 인지적응의 간접적인 결과로 인간의 뇌에서 나온 산물이라는 가설을 제시하고 있다. 생물학에서와 마찬가지로 인간의 뇌 기능이 가진 일부 특징은 선택에 의해 형성된 것이지만 나머지는 실질적인 적응 과정의 부산물에 지나지 않을 것이다.

분명 우리의 인지능력은 사회적 단체의 크기와 대인 관계의 중요성에 비례하여 증가해왔을 것이다. 그렇다고 해서 우리의 뇌가 체스를 두거나 양자물리학의 기본 개념을 세울 수 있도록 선천적으로 영향을 미친 것은 아니다! 그렇기 때문에 기존에 다른 기능을 수행하던 뇌의 구조를 다른 방향으로 전환시켜야만 글을 배울 수 있는 경우가 발생하는 것이다. 글을 많이 읽다보면 안면 인식 기능이 저하되는 것처럼 느껴지는 것도 같은 이유에서다! 이것이 바로 굴절적응의 한 형태인데, 공룡의 깃털도 여기에 해당한다. 여기서 말하는 공룡 깃털의 기원은 생물학적인 것이 아니라 문화적인 것을 의미한다.

다윈주의의 확대

잘 적응한 개체들을 선택하더라도 예측 불가능한 변화가 동반된다는 것이 다윈주의 이론 모델이 가진 맹점이다. 하지만 이것이 경제부터 수학, 로봇 공학에 이르기까지 수많은 연구 분야에 효과적인 도구로 사용되기 위해서는 간단한 원리의 진화론적 알고리즘을 적용하기만 하면 된다. 서로 다른 요소들을 합쳐놓고 그 가운데 주어진 임무를 가장 잘 수행하는 것을 고른 다음, 이런 식의 선택을 반복해 새로운 개체군을 구성하는 것이다. 예를 들어 선정된 개체를 예측 불가능한 방법으로 변화시키고 나서 다시 이 실험을 진행해 분류하는 것이다. 이때 그 과정은 간단하고 기계적이며 효과적으로 진행된다!

다윈은 이 개념을 적용한 분야에 관심을 보였다. 그것은 바로 생명의 기원에 대한 연구였는데, 당시 다윈은 이에 대한 자신의 직감을 드러내지 않았다. 왜냐하면 생명은 이 모든 과정을 거친 결과로서만 존재할 수 있기 때문이다. 정확히 말하자면 그것은 생물학적 진화를 의미하는 것이 아니었다. 연구자들은 생명 탄생에 필수적인 요소인 유기 분자로부터 연구를 시작했지만 초기 탄소 분자들은 저절로 결합되어 번식할 수 없었다.

이들이 맞닥뜨린 중대한 문제 가운데 하나는 복합 분자인 DNA, 즉 하나의 합성물이 구성되기 위해서는 다른 분자들의 활동과 단백질이 필요하다는 것이었다. 그러나 이 단백질은 DNA가 가져온 정보들을 통해 세포로 구성된 것이다. 여기서 닭이 먼저냐 달걀이 먼저냐와 같은 고전적인 문제가 발생한다! 하지만 RNA(DNA와 가까우며 세포 내에서 활발히 활동한다)와 같은 분자들은 화학의 영역과 살아 있는 세포 영역의 중간이라 할 수 있는 일종의 'RNA 영역'에서 활동할 수도 있다.

이는 생물이 미리 예상된 체계에 이를 수 있도록 생물 발생 이전의 분자에 다윈이 주장하는 선택 이론을 적용하는 것이다. 이러한 프로그램의 결과가 물론 35억~40억 년 전 우리 행성에 생명체가 등장했을 때 실제로 일어난 일에 대해 확실히 알려주는 것은 아니다. 그러나 이 현상이 우주의 다른 곳에서 발생했을 가능성에 대한 실마리는 제공해줄 수 있다!

이제 다윈주의는 **종합진화설** 단계를 지나 **범종합론** 단계에 이르렀다. 범종합론이란 새로운 분야, 즉 발생생물학이나 후성적 메커니즘, 심지어 행동의 문화적 계승(물론 인간을 대상으로 하는 것이지만 많은 동물에서도 관찰된다)과 같은 유전학 이외의 메커니즘이 큰 축을 이루는 이론을 의미한다. 생물학자들이 명명한 것처럼 이 '확대된 진화종합론'은 생물학의 모든 분야뿐 아니라 다른 분야까지 폭넓게 아우르는 것이다.

에필로그

플로레아나 흉내지빠귀는 다윈이 갈라파고스 제도에서 관찰한 3종의 새 가운데 한 종으로, 지금은 몇백 마리밖에 남지 않아 멸종 위기에 처해 있다. 다른 2종의 새는 갈라파고스 제도에 정박한 배에 우연히 승선한 쥐에 의해 멸종되었다. 사실 이 새들은 서식지의 소멸과 기후 변화, 남획, 수렵, 인간이 배출한 독성 물질 등에 의해 매년 멸종되는 몇천 종 가운데 극히 일부분에 해당한다.

35억 년에 걸친 진화를 통해 (일시적으로나마) 현재의 이 놀라운 생물 다양성에 이르게 되었다. 앞으로 이 모험이 어느 방향으로 흘러갈지는 알 수 없지만, 에너지를 모두 소진한 태양이 최후 팽창을 통해 지구를 삼켜버리기 전까지 아직 몇십억 년은 더 지속되어야 한다. 그런데 비교적 최근에 등장한 종족인 인류는 살아 있는 종의 대부분을 소멸시킴으로써 단기간 동안 진화론의 과정에 과도하게 개입했다.

사실 이렇게 생물들이 대량으로 멸종된 경우는 지구 역사상 여섯 번째이다. 그 가운데 가장 잘 알려진 것은 6,600만 년 전 발생한 공룡 멸종 사건이다. 하지만 가장 극적인 사건은 고생대 말인 약 2억 5,200만 년 전에 일어난 사건이며, 이로 인해 해양종의 약 90%와 육상 동물군의 대부분이 사라졌다.

이 일이 발생한 이후 동식물들은 재편성되었고, 진화의 메커니즘을 통해 사라진 동식물의 자리를 새로운 종들이 채워나갔다. 그러나 일반적으로 우리가 직접 관찰할 수 있는 진화상의 변화는 일부분에 지나지 않는다. 육상종이 해양 생활에 적응하는 과정과 같은 중대한 사건들을 관찰하기 위해서는 몇백만 년, 어쩌면 몇천만 년이 걸릴 것이다. 이 정도면 호모 사피엔스가 환골탈태하는 모습을 지켜볼 수 있을 만한 시간이다.

인류는 강건함과 적응력 덕분에 자신이 일으킨 생물학적 재앙에도 살아남았지만, 찰스 다윈 연구의 연장선상에서 보면 예측 불가능한 진화의 경로와 지질학적 지속 기간이 오늘날 우리가 밝혀낸 사실처럼 진행되었는지는 확실치 않다. 사실 인류를 비롯한 동물들의 진화 방향이 어디로 향할지는 박테리아의 진화 방향만큼이나 예측하기 어렵다. 과거가 미래에 대한 지침을 마련해주는 것은 아니기 때문이다!

우리는 우리가 처한 환경과 관련된 물리적인 변화를 단기적으로는 쉽게 예측할 수 있다. 전염병이나 기생충, 오염 물질에 대한 내성과 같은 일부 분야에서는 끊임없이 선택이 이루어질 것이다. 왜냐하면 이 모든 요인이 우리의 생존 기간과 출산율에 영향을 미칠 수 있기 때문이다. 그러나 신생아 사망률이 현저하게 감소한 것으로 보아 우리의 물리적인 형질은 분명 전보다 느린 속도로 변할 것이다. 성 선택 또한 배우자 선택에 계속해서 영향을 미치겠지만 그 효과는 사회에 따라 달라질 것이다.

그러나 미래에는 다른 요인들로 인해 인간이 송두리째 변화할 것이고, 특히 우생학이라는 유혹에 맞서기 위해 세워놓은 기존 울타리들이 무너질 것이다. 사회나 부모의 바람대로 배아의 게놈을 조작할 수도 있을 것이다. 배아의 성을 결정할 수 있다는 가능성만으로도 이미 중국이나 인도 같은 국가에서는 남성이 여성에 비해 월등히 많은 수를 차지하는 대재앙에 가까운 결과가 발생했다. 태어날 아이를 마음대로 고른다는 것이 얼마나 처참한 결과를 초래할지는 불을 보듯 뻔하다.

우리는 다른 종을 소멸시키고 일부 종에게만 혜택을 주었으며 동식물을 사육재배해 생태계 전반을 뒤흔들어놓았다. 이미 우리는 이 세상에 큰 족적을 남긴 셈이다. 조금 더 있으면 우리 자신을 더 나은 방향, 혹은 더 나쁜 방향으로 진화시키는 기술력까지 갖출 것이다.

다윈의 생애

1809년

2월 12일 영국 슈루즈베리에서 의사인 로버트 워링 다윈Robert Waring Darwin과 어머니 수재나 웨지우드Susannah Wedgwood 사이에서 태어났다.

1817년

다윈의 어머니가 사망했다.

1826년

에든버러 대학교에 입학하고 얼마 지나지 않아 의학 공부를 중단했다.

1828년

케임브리지 대학교에 입학한 뒤 신학, 곤충학, 식물학, 지질학을 공부했다.

1831년

12월 27일, 박물학자 자격으로 비글호에 승선해 피츠로이 함장과 함께 탐사 여행에 나섰다.

1836년

10월 4일, 비글호를 타고 플리머스항으로 돌아와 탐구 여행에 관한 보고서를 작성했으며, 개인적인 연구 결과를 적은 노트를 공개했다.

1839년

사촌인 엠마 웨지우드Emma Wedgwood와 결혼했으며, 『비글호 항해기Voyages of the Adventure and Beagle』를 출간했다.

1842년

건강상의 이유로 런던 교외의 다운에 정착한 이후 거의 집을 떠나지 않았다. 수많은 박물학자와 서신을 주고받았으며, 산호초나 화산섬, 따개비(만각류)에 관한 많은 서적을 출간했다.

1858년

린네학회Linnean Society 학회지에 앨프리드 월리스Alfred Wallace와 나란히 논문을 발표했다.

1859년

『자연 선택에 의한 종의 기원 혹은 생존 경쟁에서 유리한 종족의 보존에 대하여On the Origin of Species by Means of Natural Selection, or the Preservation of Favoured Races in the Struggle for Life』를 출간했다.

1862~1868년

『난의 수분Fertilisation of Orchids』, 『덩굴식물의 운동과 생태The movements and habits of climbing plants』, 『사육동식물의 변이The Variation in Animals and Plants under Domestication』를 출간했다.

1871년

『인간의 유래와 성 선택The Descent of Man, and Selection in Relation to Sex』을 출간했다.

1874~1880년

『인간과 동물의 감정 표현The Expression of the Emotions in Man and Animals』, 『식충식물Insectivorous Plants』, 『식물계에서의 이화 수정과 자화 수정의 결과The Effects of Cross and Self Fertilisation in the Vegetable Kingdom』, 『동일 식물 꽃의 이형The Different Forms of Flowers on Plants of the Same Species』, 『식물의 운동력The Power of Movement in Plants』을 출간했다.

1881년

『지렁이의 활동과 분변토의 형성The Formation of Vegetable Mould through the Action of Worms, with Observations on their Habits』을 출간했다.

1882년

4월 19일, 다운에서 생을 마감한 뒤 웨스트민스터 사원에 잠들었다.

참고문헌

찰스 다윈의 저서

Charles Darwin (1839), *Voyages of the Adventure and Beagle*, Volume III, London, Henry Colburn.

Charles Darwin (1859), *On the Origin of Species by Means of Natural Selection, or the Preservation of Favoured Races in the Struggle for Life*, London, John Murray.

Charles Darwin (1871), *The Descent of Man, and Selection in Relation to Sex*, London, John Murray.

Charles Darwin (1881), *The Formation of Vegetable Mould through the Action of Worms, with Observations on their Habits*, London, John Murray.

http://darwin-online.org.uk/

진화에 관한 일반적인 내용

Ameisen Jean-Claude (2014), *Dans la lumière et les ombres: Darwin et le bouleversement du monde*, Paris, Points Sciences.

De Panafieu Jean-Baptiste et Patrick Gries (2011), *Évolution*, Paris, Xavier Barral.

Giraud Marc. Darwin (2009), *C'est tout bête!*, Paris, Robert Laffont.

Gould Stephen Jay (2001), *L'éventail du vivant*, Paris, Seuil.

Kupiec Jean-Jacques (2012), *L'ontophylogénèse: Évolution des espèces et*

développement de l'individu, Paris, Quae.
Laland Kevin et al. (2014), 《Does evolutionary theory need a rethink?》, *Nature* 514 (7521): 161-164.
Lecointre Guillaume et Hervé Le Guyader (2016), *La classification phylogénétique du vivant,* Paris, Belin.
Lecointre Guillaume (2015), *Descendons-nous de Darwin?*, 《Les + Grandes Petites Pommes Du Savoir》, Paris, Le Pommier.
L'hérédité sans gène, *Dossier Pour La Science* n° 81, Octobre décembre 2013.
Miska Eric A. et Anne C. Ferguson-Smith (2016), 《Transgenerational inheritance: Models and mechanisms of non-DNA sequence – based inheritance》, *Science* 354 (6308) 59-63.
Ricqlès Armand de (2009), 《Quelques apports à la théorie de l'Évolution, de la "Synthèse orthodoxe" à la "Super synthèse évo-dévo" 1970-2009: un point de vue》, *Comptes rendus palevol*, vol. 8, p. 341.

진화의 예

Cook Laurence M., et al. (2012), 《Selective bird predation on the peppered moth: the last experiment of Michael Majerus》, Biol Lett 8: 609-612 (*sur la phalène du bouleau*).
Goldschmidt Tijs (2003), *Le vivier de Darwin: Un drame dans le lac Victoria*, Paris, Seuil Science Ouverte (*sur les cichlidés du lac Victoria*).
Grant Peter R. et B. Rosemary Grant (2014), *40 Years of Evolution: Darwin's Finches on Daphne Major Island*, Princeton University Press (*sur les pinsons de Darwin*).
Herrel Anthony et al. (2008), 《Rapid large-scale evolutionary divergence in morphology and performance associated with exploitation of a different dietary resource》, *PNAS* vol. 105 (12) 4792-4795 (*sur les lézards Podarcis*).
L'Héritier P., Neefs Y. et Teissier G. (1937), 《Aptérisme des Insectes et sélection

naturelle》, *C. R. Acad. Sc.*, t. 204, p. 907-909 (*sur les drosophiles*).

Labbé P, et al. (2007),《Forty Years of Erratic Insecticide Resistance Evolution in the Mosquito Culex pipiens》, *PLoS Genet* 3(11) (*sur les moustiques*).

McGowen M. R., Gatesy J, Wildman D. E. (2014),《Molecular evolution tracks macroevolutionary transitions in Cetacea》, *Trends Ecol Evol* 29(6): 336-346 (*sur les cétacés*).

Moran N. A. et Tyler Jarvik (2010),《Lateral transfer of genes from fungi underlies carotenoid production in aphids》, *Science* 328(5978): 624-627 (*sur les pucerons*).

Sinervo B. (2005),《Evodevo: Darwin's finch beaks, Bmp4, and the developmental origins of novelty》, *Heredity* 94, 141-142 (*sur les pinsons de Darwin*).

Soubrier, J. et al. (2016),《Early cave art and ancient DNA record theorigin of European bison》, *Nat. Commun*, 7, 13158 (*sur les bisons et les aurochs*).

Stuart, Y. E., et al. (2014),《Rapid evolution of a native species following invasion by a congener》, *Science* 346 (6208): 463-466 (sur les lézards Anolis).

Van't Hof A.E. et al. (2016),《The industrial melanism mutation in British peppered moths is a transposable element》, *Nature* 534 (7605): 102-105 (*sur la phalène du bouleau*).

인간의 진화

Dehaene Stanislas et al. (2010),《How learning to read changes the cortical networks for vision and language》, *Science* 330, 1359-1364.

Fan Shaohua et al. (2016),《Going global by adapting local: a review of recent human adaptation》, *Science* 354 (6308) 54-59.

Field Yair et al. (2016),《Detection of human adaptation during the past 2000 years》, *Science* 354 (6313) 760-764.

Lecointre Guillaume (2016),《L'humain ou la sélection à tous les étages》, *Espèces* n° 22, décembre.

Purzycki Benjamin Grant et al. (2016),《Moralistic gods, supernatural punishment

and the expansion of human sociality》, *Nature* 530, 327-330.
Raymond Michel (2008), *Cro-Magnon toi-même: Petit guide darwinien de la vie quotidienne*, Paris, Seuil.
Sankararaman Sriram et al. (2014), 《The genomic landscape of Neanderthal ancestry in present-day humans》, *Nature* 507, 354-357.

진화의학

Merlo, L. M. F. et al. (2006), 《Cancer as an evolutionary and ecological process》, *Nature Reviews Cancer* 6: 924-935.
Willyard C (2016), 《Cancer: An evolving threat》, *Nature* 532, 166-168.
Périno Luc (2017), *Pour une médecine évolutionniste: Une nouvelle vision de la santé*, Paris, Seuil.

진화와 사회

Brosseau Olivier et Baudoin Cyrille (2013), *Enquête sur les créationnismes: réseaux, stratégies et objectifs politiques,* Paris, Belin.
Fortin Corinne (2009), *L'évolution à l'école: créationnisme contre darwinisme?*, Paris, Armand Colin.
Miller et al. (2006), 《Public Acceptance of Evolution》, *Science*, 11 August 2006, 765-766.
http://www.gallup.com/poll/170822/believe-creationist-view-human-origins.aspx.

가볍게 꺼내 읽는 찰스 다윈
우리가 미처 몰랐던 종의 기원

초판 인쇄 | 2020년 6월 10일
초판 발행 | 2020년 6월 15일

지은이 | 장바티스트 드 파나피외
옮긴이 | 김옥진
펴낸이 | 조승식
펴낸곳 | (주)도서출판 북스힐
등록 | 1998년 7월 28일 제22-457호
주소 | 01043 서울시 강북구 한천로 153길 17
전화 | 02-994-0071
팩스 | 02-994-0073
홈페이지 | www.bookshill.com
이메일 | bookshill@bookshill.com

책임편집 | 이현미
디자인 | 신성기획
마케팅 | 김동준, 변재식, 이상기, 임종우, 박정우

ISBN 979-11-5971-257-9
정가 13,000원